耐火材料的
损毁及其抑制技术

（第2版）

王诚训　陈晓荣　赵　亮
刘　芳　张义先　侯　谨　编著

北　京
冶金工业出版社
2014

内 容 提 要

本书根据国内外最新研究成果和作者多年的研究成果编著而成，系统地阐述了耐火材料的损毁以及对损毁因素的控制，重点介绍耐火材料非连续损毁、熔渣对耐火材料熔解蚀损过程、高温气体对耐火材料的腐蚀以及耐火材料在高温减压下的挥发/氧化损耗等。其中，对耐火材料的非线形断裂和熔渣侵蚀对耐火材料熔解过程的影响进行了详尽的分析和讨论。同时，还探讨了对耐火材料诸损毁因素的控制，并为设计和开发新型耐火材料提出了合理建议。

本书可供耐火材料及其相关专业的科研人员、工程技术人员阅读，也可供大专院校有关专业师生参考。

图书在版编目(CIP)数据

耐火材料的损毁及其抑制技术/王诚训等编著. —
2 版：—北京：冶金工业出版社，2014.6
ISBN 978-7-5024-6582-7

Ⅰ.①耐… Ⅱ.①王… Ⅲ.①耐火材料
Ⅳ.①TQ175

中国版本图书馆 CIP 数据核字(2014)第 101611 号

出 版 人 谭学余
地　　址 北京北河沿大街嵩祝院北巷 39 号，邮编 100009
电　　话 (010)64027926　电子信箱 yjcbs@cnmip.com.cn
责任编辑 于昕蕾　美术编辑 彭子赫　版式设计 孙跃红
责任校对 郑　娟　责任印制 李玉山
ISBN 978-7-5024-6582-7

冶金工业出版社出版发行；各地新华书店经销；三河市双峰印刷装订有限公司印刷
2009 年 10 月第 1 版，2014 年 6 月第 2 版，2014 年 6 月第 1 次印刷
148mm×210mm；7.25 印张；214 千字；219 页
29.00 元

冶金工业出版社投稿电话：(010)64027932　投稿信箱：tougao@cnmip.com.cn
冶金工业出版社发行部　电话：(010)64044283　传真：(010)64027893
冶金书店　地址：北京东四西大街 46 号(100010)　电话：(010)65289081(兼传真)
(本书如有印装质量问题，本社发行部负责退换)

第 2 版前言

《耐火材料的损毁及其抑制技术》一书自 2009 年首次出版以来，得到了众多读者的喜爱。根据读者的要求和建议，作者对《耐火材料的损毁及其抑制技术》一书中的下述章节进行了修改、补充和完善，并增加了部分章节，具体如下：

（1）在整块材料"裂纹扩展"一节中增加了如下内容：

1）整块材料的临界温度差（ΔT_c）；

2）整块材料中的相关裂纹长度；

3）由理论推导出材料初 E 模数（$E_初$）/材料气孔率为 0 时 E 模数（E_0）的比值代替材料裂纹临界长度 L_m/材料初始裂纹长度 L_0 的比值来选择控制材料裂纹扩展的参数，从而避免了确定材料初始裂纹长度 L_0 和裂纹密度 N 的困难。通常，材料初始裂纹长度 L_0 和裂纹密度 N 是不知道的。

（2）重新编写了"耐火材料热疲劳寿命"和"耐火材料机械冲击疲劳"两节，并对"耐火材料热疲劳寿命"的数值表达式进行了详细的推导和介绍。

（3）第 4 章中增加了"熔体－耐火材料的湿润性"一节。对"熔渣向耐火材料内部的浸透与抑制"一节进行了全面修改、补充和完善。同时，对于耐火材料在熔渣中的熔解蚀损速度的数学表达式进行了详细的理论推导，确定了耐火材料在熔渣中的熔解蚀损速度系数与其纯熔解蚀损反应速度常数 K_0 和熔渣向耐火材料内部渗透的渗透深度系数 k_p 之间的依存关系。

（4）在原书中增加"高温气体对耐火材料的侵蚀"一章作为本书第 2 版的第 6 章，而原书第 6 章则改为本书第 7 章。

（5）对全书进行了修改，并对原书中的错误进行了订正。

本书在介绍耐火材料的损毁与抑制损毁因素等内容的基础上提出了可抑制耐火材料损毁的材质配方设计的建议。

在对本书第 1 版进行补充、修改、完善和订正的过程中，作者查阅了有关耐火材料文献方面的最新资料，特向有关作者致谢。同时，承蒙孙宇飞、王雪梅、孙菊、孙炜明、吴东明、吴东锋、王振祥、张晓樵、罗淑颂等同行、朋友给予的支持和帮助，在本书（第 2 版）出版之际，作者向他们表示衷心感谢。

本书如能对从事耐火材料研究、开发和应用的专业人员有所帮助，能对广大读者有所裨益，作者将感到欣慰。

虽然，本书在编写的过程中力求内容翔实，但限于作者水平，不足之处，敬请读者批评指正。

作　者

2014 年 3 月

第1版前言

耐火材料在使用过程中，由于经受高温或者温度激变、气氛变化以及粉尘、蒸汽和液体（如熔渣等）的腐蚀、侵蚀，因而其损毁形态复杂、损毁机理多样。归纳起来认为：耐火材料的损毁形态主要有断裂、剥片（非连续型）和渣蚀（连续型）两大基本类型。

耐火材料非连续型损毁主要包括：热剥落、结构剥落和高温热疲劳以及机械冲击等所造成的破坏。

大多数陶瓷材料的断裂是发生在热应力达到断裂应力之时，因而人们把研究的注意力放在控制裂纹成核的条件方面。根据热弹性理论，在热应力超过材料断裂强度时，材料就会出现新裂纹。这种裂纹一经出现，材料就会发生灾难性破坏。根据热条件不同，Kingery 推荐用 R、R' 和 R'' 三个抗热震断裂参数表征材料的抗热震性。$R \sim R''$ 值越大，也就是 σ（抗折强度）、λ（热导率）或者 a（导温系数）越大，E（弹性模量）、α（线膨胀系数）越小，材料抗热震断裂性就越好。在耐火材料中，只有耐火陶瓷件、熔融石英材料、熔铸耐火砖和某些浇注成型 – 高温烧成的耐火制品等为数甚少的几类耐火材料才能满足这种条件，对于大多数耐火材料来说，大的应力梯度和短的应力持续时间意味着断裂自表面开始，但也能在造成全部破坏之前被气孔或晶界所阻止。实际观察到的情况是，作为阻挡高温抗腐蚀的热容器中使用的耐火材料控制表面裂缝并不是关键，有效的是能够避免热剥落。绝大多数耐火材料都带有许多气孔和裂纹、裂隙，为了提高它们的抗热震性，重要的是控制裂纹扩展的条件，而不是裂纹成核的条件。哈塞尔曼的理论认为：裂纹扩展的驱动力是内在断裂瞬间存储的弹性能供给的。根据能量理论，哈塞尔曼提出用抗热震损伤参数 R'''、R'''' 以及热应力裂纹稳定参数 R_{st} 及 R'_{st} 来控制裂纹扩展。R'''' 越大，表示热震时裂纹的动态扩展的距离越小，材料受热震损伤的程度也越小；而 R_{st} 值越大，裂纹开始扩展需要的温差就越大，裂纹的稳定性就越好。须指出的是，R''' 和 R'''' 只适用于裂纹长度小于临界裂纹长度的情况，而 R_{st} 和 R'_{st} 则只适用于裂纹长度大于临界裂纹长度的情况。

上述结论是基于耐火材料属于脆性材料这一前提得出的。然而，在一定的条件下，脆性材料是可以发生塑性断裂的；相反，塑性材料也可能按照脆性断裂机理发生损坏。早已观察到耐火材料在应力作用下往往会显示出某些非线形应力－应变特性，并伴有少量的永久变形。也就是说，耐火材料受到机械冲击时，其应力－应变关系不仅在高温下，而且在室温下大多表现出非线形特性。

迄今为止，耐火材料非线形断裂问题还处在深入研究阶段，尚未见到全面系统总结、整理和归纳的论述。因而作者借本书出版的机会，对耐火材料非线形断裂结构及其判断，耐火材料非线形断裂的评价，非线形断裂及其控制途径等问题，进行了较为全面的分析和讨论，借以帮助读者对耐火材料非线形断裂问题有较系统的了解。

耐火材料抗机械冲击性则用其抗折强度（σ）来控制。考虑到耐火材料是在高温条件下应用的，因而用（σR_{st}）参数进行控制较为合适。

评价耐火材料抗热震性的试验方法，主要使用的有一般加热－冷却循环法（电炉法）、ASTM 镶板试验法、长条形试样试验法以及镶板－AE 法等。其中，采用能使耐火材料产生较大温差的电炉法和采用高频炉浸渍法是评价耐火材料抗热震性的主要方法。然而，在高温实际窑炉的使用中，承受像实验室那样大的温差的例子却较少，而由于温差较小、经长期反复加热-冷却的热疲劳、使绀织劣化以至破坏的情况则较多。在这种情况下，就需要对耐火材料进行热疲劳监测和评价。

当耐火材料在使用中同侵蚀剂（如熔渣等）接触时，熔渣向耐火材料内部的气孔中浸入和耐火材料成分向熔渣中的熔解便成为其损毁的重要原因。

熔渣浸透会导致耐火材料的结构剥落并加速耐火材料的熔解蚀损过程。极少的浸透意味着极少的结构剥落损毁。显然，限制熔渣向耐火材料内部的气孔中浸透是减少耐火材料结构剥落损毁的重要措施。

耐火材料向熔渣中的熔解蚀损过程包括耐火材料向熔渣中的熔解蚀损过程和耐火材料的局部熔解蚀损过程。其中后者是影响耐火材料使用寿命的主要原因。

耐火材料向熔渣相本体的熔解蚀损过程，除了其表面的纯熔解过程之外，由于熔渣向耐火材料内部的气孔中浸透所产生的内部熔解进一步加剧了耐火材料向熔渣中的整体熔解蚀损过程。为了提高耐火材料抗蚀性，需要阻止熔渣向耐火材料内部的气孔中浸透以便提高它们的抗渣性能。

随着耐火材料技术的发展，强化基质及合成原料的大量应用，非氧化物与氧化物系复合耐火材料中使用金属之类的抗氧化剂和提高性能的添加物等，从而使耐火材料技术达到了较高的水平，长寿炉衬，甚至"永久"衬体也已经成为现实。这样一来，在一些应用环境中，耐火材料向熔渣相本体熔解蚀损已不再是影响耐火材料使用寿命的主要原因。然而，在某些情况下，耐火材料局部熔损较为突出，并成为决定其使用效果的关键。耐火材料产生局部熔损的原因，是马萊哥尼对流的结果。为了抑制耐火材料的局部熔损，需要从材质选择、耐火材料内衬设计和操作条件控制等三个方面来解决。

本书第 5 章对耐火材料组分在高温下的反应和在高温减压下的还原挥发以及复合耐火材料的氧化还原反应所导致的损耗进行了介绍，为设计在高温减压下使用的耐火材料配方提供了重要依据。

由于耐火材料使用环境不同，其损毁机理也存在明显差异。因此，将渣蚀、热和气氛条件、耐火材质、组织状态（尤其是气孔大小）和显微结构同热弹性理论、能量理论、断裂力学等结合进行综合研究和分析才能掌握耐火材料的具体损毁机理，而合成原料选择以及采用适当的制造工艺方法能使耐火材料的使用取得预期效果。

作者结合工作实践将能搜集到的这方面的资料，经过整理、分析、归纳和总结，编著成书。在介绍中，力求以实验结果为依据进行分析和讨论，书中对有关损毁因素间的联系的重要关系式作了理论推导，可为读者理解其内容提供方便。

本书在介绍耐火材料的损毁与抑制损毁因素等内容的基础上提出了可抑制损毁的材质配方设计的有关建议。

在本书编写过程中，作者查阅了有关耐火材料方面的文献资料，特向有关作者致谢。同时，承蒙孙宇飞、王雪梅、孙菊、孙炜明、吴东明、吴东锋、王振祥、王劼、张晓樵、罗淑颂等同行朋友给予的支持和帮助，在本书出版之际，作者向他们表示衷心感谢。

本书如能对从事耐火材料研究、开发和应用的专业人员有所帮助，能对广大读者有所裨益，作者将感到欣慰。

本书力求内容翔实，但限于作者水平，不足之处，敬请读者批评指正。

作　者

2009 年 6 月

目　录

1 耐火材料的损毁形态

耐火材料广泛应用于高温工业，如钢铁、陶瓷、玻璃、电力、有色金属、化学工业、石油和环境保护等高温炉窑中，是支撑这些工业的基础。作为高温炉窑内衬所用定形或不定形耐火材料，在使用中都受到高温或温度激变、气氛变化以及粉尘、蒸汽和液体的腐蚀和/或炉渣的侵蚀、腐蚀，使用条件非常苛刻，蚀损形态极为复杂。其损毁形式主要体现为同炉渣、处理剂反应所引起的蚀损和因热应力导致的裂纹（龟裂）所引起的剥落损毁。其中，耐火材料的剥落通常可以分为单纯由热应力引起的高温剥落（也称热剥落）和由于炉渣渗透等所造成的组织变化与热应力复合作用所产生的结构剥落。通过对不同使用条件的观察，发现高温炉窑用各种耐火材料的损毁不只是渣蚀（连续型），还往往有断裂和剥片（非连续型）。林武志曾据此整理出一般的损毁方式，按概念归纳为三种最基本的类型，如图1-1所示。

方 式	现 象	损毁形态	概 念 图
I	热面不规则裂纹 炉体热应力及应变 温度变化	裂纹的发展脱落（剥片） 铁水、钢水的侵入 漏气	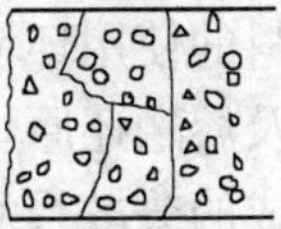
II	平行加热面裂纹 变质组织的形成 熔剂的侵入	裂纹扩大 剥离、剥落（剥片） 损耗速度大	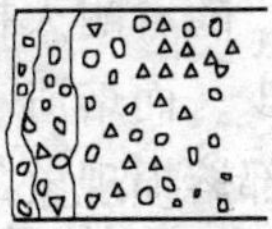
III	表层侵蚀 结合组织的分解 熔剂的浸润	熔流 离脱 侵蚀（损耗速度小）	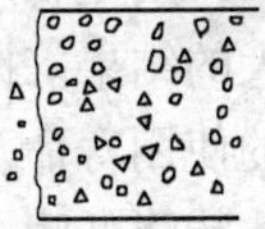

图1-1 炉窑耐火内衬损毁的概念图

方式 I 称为热的、机械的剥片，它是由炉窑热应力和机械应力所产生的耐火内衬不规则的龟裂，从而导致耐火内衬的过快损毁。

方式 II 称为结构剥落，它是由于熔渣的浸透和加热面上发生温度波动使其结构产生变化，因而形成特有的变质结构层，在原质层与变质层的界面上产生同加热面平行的裂纹，进而使耐火内衬呈层带剥落损毁。

方式 III 称为熔流，它是由于同钢水、铁水和熔渣等反应生成熔点较低的物质所产生的熔流或磨损，主要是由于产生液相而使表面层蚀损等。

除此之外，整个耐火内衬由于其体积收缩所引起的砌缝扩展或拉开，也是造成耐火内衬局部快速损毁的主要原因之一。

在上述各种损毁类型中，其中方式 I 及方式 II 使炉窑用耐火材料的损毁形态复杂，并且往往成为加速其损毁的原因。

为了满足钢铁冶炼技术迅速发展的要求，在氧化物系耐火材料的基础上，添加如尖晶石（$MgO \cdot Al_2O_3$、$MgO \cdot Cr_2O_3$ 和 $2MgO \cdot TiO_2$ 等）以及莫来石等化合物组分或者引入碳、碳化物、氮化物等非氧化物成分，在陶瓷领域开发的许多新型耐火材料品种，通过各种碳化物、氮化物、金属间化合物的试用以及各种先进工艺的积极采用，并对熔渣进行控制，从而显著地提高了耐火材料对熔渣、金属熔损的抵抗（耐蚀性）等性能。然而，由于使用条件的不断改进，耐火材料的使用环境也在不断变化。例如，对于转炉吹氧时的不同钢种以及熔融还原炉等应用环境，由于熔渣、气体、金属相相互分散所形成的分散系的激烈冲刷，在实验室中再现使用环境非常困难。另外，随着耐火材料耐蚀性的提高，单一熔渣相、金属相造成的熔损减少，而熔渣－气体、熔渣－金属界面或者耐火材料砌缝等部位的局部熔损现象却明显增加了。局部熔损是加速耐火材料蚀损的主要原因，则是物质迁移系数（反应速度常数）因马栾哥尼对流而明显增大的结果。因此，只有通过对局部熔损进行控制才能稳定耐火材料的使用寿命。也就是说，只有明确局部熔损机理以及采用相应对策才能降低耐火材料的局部熔损，提高炉衬耐火材料的使用寿命。

各种炉窑耐火内衬产生的蚀损均可通过对其使用后的残余衬体

进行分析，也可在实验室评价的基础上，根据热力学进行系统的分析和整理。

一般说来，耐火材料在实际使用过程中在热力学上是不稳定的。在这种情况下，耐火材料研究和开发的目标就是在耐火材料内部建立起动力学屏障，以抵抗最终不可逆的结构和组成变化所引起的损毁，从而达到提高其使用效果的目的。

2   耐火材料的断裂强度

2.1   概况

当材料强度按现代科学来区分时，材料的强度基本上可以区分为强度、变形和损坏。材料的实际强度通常取决于各种负荷（机械荷重、热负荷、电磁负荷和重力负荷等）施加时的不同条件。根据实际材料的变形至损坏的特性，可以将材料损坏粗略地分为两大类：脆性损坏和塑性损坏。耐火材料属于脆性材料，它们在标准条件下（在温度298K及标准大气压下）承受荷重时呈弹性变形，直到破坏为止。塑性材料（如黏土、聚合物和大多数金属材料）在承受荷重时呈塑性变形，直到破坏为止。虽然可以将材料定性地分为脆性材料和塑性材料，但在一定条件下，脆性材料可以呈现塑性变形；相反，塑性材料也可以按照脆性材料损坏的机理发生损坏。可见，不存在绝对的脆性材料，也不存在绝对的塑性材料。

一般认为，耐火材料的变形特性取决于荷重的大小和类型，荷重增大的速度及其作用的时间。施加荷重的条件可能改变材料的变形特性，因此施加荷重时材料的性状呈何种断裂形式取决于其化学性能和荷重施加的条件。这就说明，材料的性能和荷重施加的条件（温度、介质等）将是制约其断裂损坏的主要机理。

对于工业耐火材料来说，其实际强度并不是其物理常数，它仅是按照具体工艺制造的特定耐火材料的质量和生产工艺稳定性的参数。

2.2   耐火材料结构对强度的影响

耐火材料结构对其强度 σ 的影响，主要是对气孔率 ε、气孔大小 $2r$ 和形状的影响。E. J. Ryshkewisch 曾经根据大量的实验资料将耐火材料强度与气孔率 ε 之间的关系归结为指数关系，认为在单一类型气孔的条件下由下式表示：

$$\sigma_\varepsilon = \sigma_0 \exp(-b\varepsilon) \qquad (2-1)$$

式中，b 为常数，其值在 $4 \sim 7$；ε 为总气孔率；σ_0 是气孔率为 0 时耐火材料的强度。而粒状结构高铝砖的强度 σ_ε 与气孔率 ε 之间的关系具有下述形式：

$$\sigma_\varepsilon = \sigma_0(1-\varepsilon)^m \qquad (2-2)$$

式中，m 为常数。

式 2-1 和式 2-2 都说明，耐火材料强度 σ 随其气孔率 ε 的提高而下降。

除气孔率之外，耐火材料强度还与气孔数、尺寸 $2r$ 和形状等有直接的关系。这与应力集中相联系。在这种情况下，耐火材料强度 σ_a 可表示为：

$$\sigma_a = \sigma_0 / [a(1-\varepsilon)^{1/2}] \qquad (2-3)$$

式中，a 为应力集中系数。

通过对耐火材料组成、结构的研究发现：在相同的条件下，小颗粒组成的耐火材料强度比由大颗粒组成的耐火材料强度大，因为大颗粒往往形成大气孔，当气孔尺寸大时，横截面上固体的面积减小，单位面积的应力则增加，易导致断裂。因此，耐火材料强度必然同颗粒大小相联系。通常可以用下式来表示两者之间的关系：

$$\sigma_d = K\exp(-Ad) \qquad (2-4)$$

式中，K 为常数；A 为恒定常数；$d = 2r$ 为颗粒尺寸。

研究结果表明，在总气孔率 ε 相同的情况下，由气孔均匀分布的细颗粒物料组成的耐火材料，其常温抗折强度与由大颗粒物料组成的耐火材料的常温抗折强度是不同的，而且随着温度的上升和时间的延长，前者强度比后者强度降低得快。总之，在总气孔率相同的情况下，当大气孔被固体均匀隔开时，其强度就会提高，而不均匀分布的大气孔则会使耐火材料强度降低。

关于气孔结构对耐火材料强度（σ_{ai}）的影响，曾经提出用下式来表示：

$$\sigma_{ai} = \sigma_0 \exp\left(-\sum A_i \varepsilon\right) \qquad (2-5)$$

式中，$A_i = X_i S_i / V_i$，对于同一形状的气孔来说，其值也有差别，一般波动于 1.0～3.0；X_i 为气孔 i 的长度；S_i 为通过气孔横截面的平面上的最大投影面积；V_i 为气孔 i 的体积；ε 为被测试样的总气孔率。

需要指出的是，式 2-5 与式 2-1 不同，前者具有普适性。

由此可见，尽管构成耐火材料的化学组成相同，倘若结构不相同时，其强度也会产生很大的差别。

上面所讨论的内容，对于氧化物系定形耐火材料来说是正确的。但它不一定能适用非氧化物与氧化物构成的复合耐火材料（简称复合耐火材料）的情况。

研究结果证明，耐火浇注料等不定形耐火材料和复合耐火材料的气孔率并不是控制其强度的主要因素。这些耐火材料强度主要取决于基质中细颗粒物料的体积分数（图 2-1）和颗粒与基质之间的结合强度。

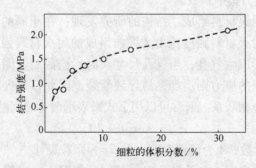

图 2-1　碳结合 MgO 材料的强度与烧成前压块中
细粒（$d < 75\mu m$）体积分数之间的关系

例如，碳（沥青）结合镁砖在热处理之前的结合形式是氧化物颗粒周围形成一层薄碳膜，它对强度的影响如图 2-2 所示。图 2-2 表明：在整个颗粒大小分布的范围之内，其强度值急剧降低（降低了 9/10）。同时，相应的气孔率却只提高 6%（与图 2-1 对比），这说明细粉物料的相对比例对材料强度的重要影响。

图 2-2 所示出的是碳结合镁砖的气孔率和结合强度随镁砂颗粒分布参数 n 而变化的情况，表明由沥青－镁砂混合料制得的碳结合

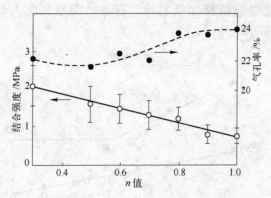

图 2 - 2 碳结合 MgO 的强度和气孔率随颗粒大小分布参数 n 而变化
（碳结合来自沥青母体，碳化前 MgO 与沥青的质量比为 20:1）

镁砖，其强度曲线的几何形状并不因加入结合剂而产生实际性变化。可以认为，在整个 n 值范围内的气孔率增大部分既是由于沥青结合剂将镁砂颗粒隔离，更主要是由于结合剂在碳化过程中产生气孔率。图中同时表明，在整个 n 值的变动之中，强度与气孔率不存在一一对应的关系（相关性极差），而且波动也相当大。

在 MgO - 沥青混合料中配入石墨之后所制得的 MgO - C 砖，由于配入石墨而导致气孔率显著降低，但其强度随镁砂颗粒分布参数 n 的变化趋势与碳结合镁砖接近，反映出细颗粒物料的影响，而石墨含量（20% 和 30%）对强度的影响却较小甚至没有影响，但石墨含量（质量分数）为 30% 时，在整个 n 值范围内，MgO - C 砖的强度却显著增大了，如图 2 - 3 所示。

图 2 - 4 所示的是树脂结合的 MgO - C 砖的常温抗折强度与石墨含量的关系，它表明热处理 MgO - C 砖的常温抗折强度不仅受石墨含量的影响，而且石墨的类型也是重要的影响因素。

结合剂不同时，MgO - C 砖的强度差距较大，这说明结合剂的选择对 MgO - C 砖强度的影响也是一个关键因素。

由此即可推断：含碳复合耐火材料的强度受气孔率的影响较小，而受结合剂类型和用量以及氧化物细颗粒含量的影响却较大。对于石墨 - 氧化物耐火材料来说，影响其强度的因素，除了结合剂以及氧化物细颗粒含量之外，石墨的类型和配入量也很重要（图 2 - 3 和图 2 - 4）。

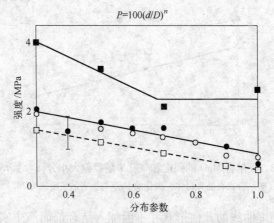

图 2 - 3　碳结合 MgO – 石墨复合材料随 MgO 颗粒大小分布
参数和石墨含量而发生强度变化的情况

（所用石墨为石墨 A：$w(MgO)$：w（石墨）：w（沥青）❶（按质量计的份数）

□—100：0：5；○—90：10：5；●—80：20：5；■—70：30：5）

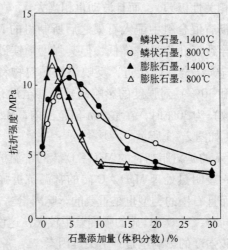

图 2 - 4　在 800℃和 1400℃热处理后 MgO – C 砖的抗折强度

---

❶　沥青含量指的是碳化前的，产率按质量计为 50%。

另外，温度上升会导致耐火材料的强度下降。图2-5示出了高强度 MgO-C 砖及烧成镁白云石砖抗折强度随温度上升而变化的情况。高强度 MgO-C 砖在室温约1000℃时的抗折强度低于镁白云石砖的抗折强度，而在高温时（大于1000℃），两者却正好相反。图2-5同时说明，MgO-C 砖的抗折强度受温度影响较小，而烧成镁白云石砖的抗折强度受温度影响却很大。这一结论对于其他含碳耐火材料的强度与温度的关系也都是适用的。

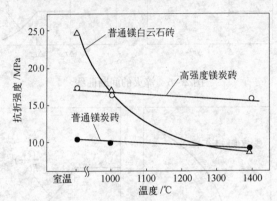

图2-5 含碳与不含碳耐火材料抗折强度与温度之间的关系

2.3 热震对耐火材料强度的影响

耐火材料经受热震时，起始裂纹会继续扩展，从而降低其强度，而且这往往成为耐火内衬损坏的一个原因。也就是说，耐火材料在发生脆性断裂时，起始裂纹长度 L（有时记为 L_0）、相应强度 σ_{L0} 与温度差 ΔT 存在复杂的关系，这些关系可归纳为两种基本类型：

当 $L_0 < L_m$（临界裂纹长度）时，材料呈现间断的断裂曲线，如图2-6所示。

当 $L_0 > L_m$ 时，材料则呈现连续的断裂曲线，如图2-7所示。

对于 $L_0 < L_m$ 的材料，由图2-6看出，当 ΔT 未达到 ΔT_c（临界温度差）时，起始裂纹未扩展，因而强度亦未变化；当 ΔT 达到 ΔT_c 时，裂纹便发生动态扩展，强度也随之突然下降到新的数值；此后，裂纹呈亚临界状态，在裂纹重新扩展以前，必须增加温度差。ΔT_c 在

$\Delta T_c \to \Delta T_c'$ 之间时，没有进一步发生裂纹扩展的情况，因而强度也没有变化；在 $\Delta T_c > \Delta T_c'$，时，裂纹呈现准静态扩展，强度也相应降低。

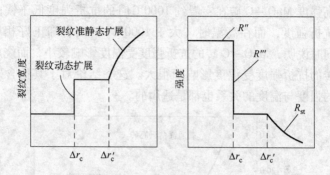

图 2 - 6   淬火的间断曲线

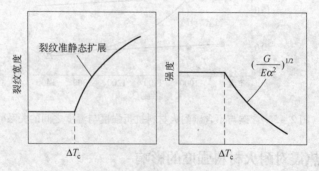

图 2 - 7   淬火的连续曲线

在后一种情况下，由图 2 - 7 看出，当 ΔT 达到 $\Delta T_c'$ 以后，裂纹将伴随急冷温度差 ΔT 的增加而徐徐地扩展，强度也随之连续下降。

通过以上讨论可得出以下结论：对于耐火砖之类的耐火材料，由于含有大量气孔，并且颗粒和结合基质之间存在着比较大的裂纹（通常是 $L_0 > L_m$），因而在受到热震之后，在室温下的抗折强度 σ_f 以及 E 模数，伴随急冷温度差的增大而连续减少。这是由于内部裂纹比较大（$L_0 > L_m$），其扩展也较稳定的缘故。

由此可见，材料在受到热震时，是发生间断的还是连续的断裂，取决于 L_0 与 L_m 的相对大小，后者主要依赖于裂纹密度 N，而 N 又随热震类型或热应力分布方式而变化。Coppla 等人认为，经受热震圆形棒的剩余强度（图2-8）正比于$N^{11/4}$。林国郎等人对锆质耐火砖的研究得出：这些耐火砖在经受热震后的常温抗折剩余强度同R_{st}及R''''成直线关系，如图2-9和图2-10所示。

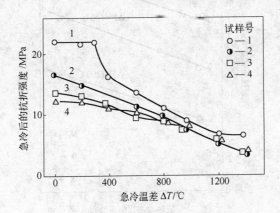

图2-8 含锆60% ~90%的锆质砖抗折强度与
急冷温度差的关系

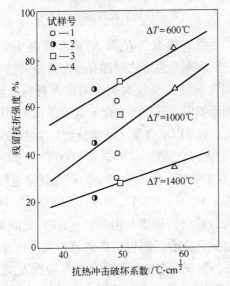

图2-9 在经600℃、1000℃及1400℃急冷的锆质砖
残留强度与抗热冲击破坏系数R_{st}的函数关系

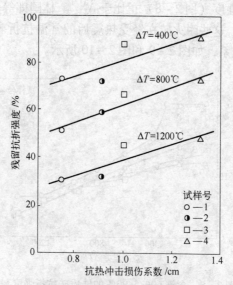

图 2 - 10 经 400℃、800℃ 及 1200℃
急冷后锆质砖的残留强度与抗热
冲击损伤系数的函数关系

众所周知，尽管 E 模数与 R_{st} 及 R'''' 的关系是完全相反的，但在任何情况下，它们和剩余强度之间都有良好的相关性（图 2 - 9 和图 2 - 10）。这说明含有气孔及较大裂纹的耐火材料，热震引起裂纹，其扩展又引起剥落损毁，其中断裂能 γ 起到了很大作用。

Larson 等人曾对 Al_2O_3 含量（质量分数）为 45% ~ 99% 的 38 种 $Al_2O_3 - SiO_2$ 系耐火砖（表 2 - 1）进行 1000℃ ~ 水冷热震试验，图 2 - 11 示出的是其中 Al_2O_3 含量为 99% 的耐火试样进行温度差（ΔT）为 200℃、300℃、400℃、600℃、800℃、1000℃ 和 1180℃ 的水冷淬火的结果（淬火后的抗折强度与温度差（ΔT）之间的关系）。与此同时，他们还根据试验前后测得试样的抗折强度所计算出来的剩余抗折强度的分数，发现剩余抗折强度分数与参数 R_{st} 之间有良好的对应关系。表明这些 $Al_2O_3 - SiO_2$ 系耐火材料中的裂纹是以准静态方式扩展的（这可从表 2 - 1 看出）。

表 2 − 1 $Al_2O_3 − SiO_2$ 耐火材料在室温下的性质与计算的抗热震参数值

Al_2O_3 含量(质量分数)/%	体积密度/g·cm^{-3}	抗折强度/MPa	α/$℃^{-1}$	弹性模量/GPa	μ	γ_{WOF}/J·m^{-2}	R/℃	R_c/m	R_{st}/℃·$m^{1/2}$
45	2.54	31.8	5.2×10^{-6}	69.8	0.22	22.5	68	2.0×10^{-3}	3.43
42	2.30	24.0	5.3×10^{-6}	67.0	0.16	17.8	81	1.2×10^{-3}	3.08
59	2.50	22.9	5.9×10^{-6}	46.1	0.20	34.0	67	3.7×10^{-3}	4.58
70	2.55	9.8	6.2×10^{-6}	13.5	0.15	32.9	100	5.4×10^{-3}	7.96
70	2.58	9.8	5.7×10^{-6}	10.5	0.1	70.0	139	9.7×10^{-3}	4.28
70	2.60	17.3	5.1×10^{-6}	32.5	0.1	71.0	80	9.0×10^{-3}	8.18
70	2.60	11.2	6.6×10^{-6}	24.1	0.17	58.0	58	13.4×10^{-3}	7.43
72	2.55	13.9	5.5×10^{-6}	30.3	0.14	63.0	72	11.5×10^{-3}	8.28
70	2.60	14.3	6.8×10^{-6}	30.3	0.15	48.0	59	8.4×10^{-3}	5.85
72	2.65	27.4	5.2×10^{-6}	75.4	0.18	31.7	57	3.9×10^{-3}	3.94
85	2.90	45.6	7.1×10^{-6}	93.0	0.18	56.0	57	3.1×10^{-3}	3.45
91	2.95	20.0	7.2×10^{-6}	40.0	0.16	65.0	58	7.7×10^{-3}	3.59

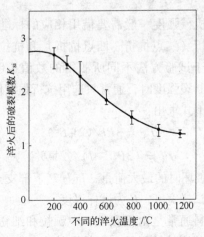

图 2 − 11 含 90% Al_2O_3 耐火材料在水中
淬冷后的强度与温度的关系

另外，Landy 等人用镶板法测定了 MgO - C 砖（残碳为 4.8% ~ 37%）的抗热震性（1125℃，30min 风冷，5 次循环）得出 E 模数剩余分数与 R_{st} 值之间有良好的依赖关系，如图 2 - 12 所示。

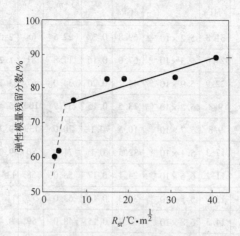

图 2 - 12   5 次热震试验后的弹性模量
残留分数与 R_{st} 的关系

2.4   耐火材料强度的统计评价

耐火材料的机械强度一般需要借用相应的标准试样和相应的标准通过耐压、抗折（三点抗折、四点抗折）和抗拉试验等方法进行测定。然而，由于试验方法不同所测得的数值也明显不同。因此，在评价耐火材料断裂强度时，通常只选用抗折强度作为评价标准。

抗折强度由下式求出：

三点抗折强度 $\sigma_{f3} = 3PL/(2WB^2)$ (2 - 6)

四点抗折强度 $\sigma_{f4} = (3PL - I)/(2WB^2)$ (2 - 7)

式中，P 为试样破坏时的最大荷重；L 为 P 下部支点间距；I 为上部荷重间距；W 为试样宽度；B 为试样厚度。

由于耐火材料通常是由粗颗粒、中颗粒和细粉物料构成的，与精细陶瓷相比，其原始粒径较大，气孔较多，所以成为断裂起点的气孔大小与原始粒径相当。可以想象，作为由无数存在的气孔产生的脆性断裂所决定的强度值将严重地受到气孔、杂质、裂纹等因素的影响，由于各个测试样块的组织不尽相同，因此，即使是同材质试样，其强度也不会一样。

此外，耐火材料断裂强度不仅取决于试样尺寸、形状以及试验方法，而且取决于特定的外加应力作用下一个裂纹能引起断裂的概率。因此，需要用统计的方法来处理耐火材料的断裂强度。

耐火材料中存在的裂纹具有统计本质的必然结果是观测到强度与某种方式和应力作用下材料的体积或者表面积有关。如果耐火材料的断裂强度由试样中存在的无数裂纹中某一个起始裂纹的扩展所决定的话，那么受到应力作用部分的体积增大时断裂概率也会增大。对于可能引起断裂裂纹的直接观测结果发现，由于各种有关研究脆性材料强度的统计理论都包含一个与试样体积或者面积有关的危险裂纹数的假设，因此所推导的关系式都随材料不同而有较大差异。其中，维佰尔（Weibull）理论概念一直成功地用于各种脆性材料的设计，也包括陶瓷和耐火材料在内。该理论假定材料中包含一些按统计分布的无相互作用的缺陷（裂纹），单一缺陷（裂纹）极其严重地导致断裂。

依据维佰尔统计和最弱环节模型，认为材料的断裂强度依赖于有效体积 V_{eff}：

$$V_{eff} = \int_V [\sigma(x,y,z)/\sigma_{max}]^m dV \qquad (2-8)$$

式中，m 为维佰尔模数。

可见，V_{eff} 是由在不同试样尺寸、形状和负荷状态下产生的应力分布 $\sigma(x,y,z)$（试样中任意部位的应力）及最大应力 σ_{max} 构成。

式 2-8 的积分是对整个拉伸区进行的，在三点抗折试验中，由式 2-8 积分可以得出：

$$V_{eff} = V/[2(m+1)^2] = BHL/[2(m+1)^2] \qquad (2-9)$$

式中，V 为被测试样的测试部分的几何学体积；B、H、L 分别为试样的宽度、高度、长度。

考虑到耐火材料断裂是随着起始于初期裂纹的扩展导致脆性断裂随负荷时间延长强度降低这一延迟断裂特性，因此冈部永年和伊藤洋茂等人认为，如果假定裂纹扩展完全依赖于时间，那么对应于任意变动的负荷应力 $\sigma(t)$ 的等价扩展时间（有效负荷作用时间）t_{eff} 可用下式求出：

$$t_{eff} = \int_0^{t_f} [\sigma_i(t)/\sigma_f]^n dt \tag{2-10}$$

式中，t_f 是每反复加荷一次的实际负荷时间；σ_f 为断裂应力；n 为裂纹扩展速度指数。

例如快速断裂，若用安全负荷近似，则：

$$t_{eff} = \int_0^{t_f} [(\sigma_t t/t_f)/\sigma_f]^n dt \tag{2-11}$$

若按应力比为 R（最小负荷/最大负荷）、频率为 f 的正弦波加载时，则：

$$t_{eff} = \int_0^{1/f} \{(1/2n)[(1-R)\sin(2\pi ft) + (1+R)]^n\} dt \tag{2-12}$$

伊藤和男及田保等人认为，如果将测试耐火试样断裂应力 σ_f 通过式 2-13 换算成有效体积 $V_{eff} = 1\text{mm}^3$ 时的强度值 σ_f，再将 σ_f 对各试样的累计有效负荷时间 $N_f t_{eff}$ 在双对数坐标上绘出的话，那么所有的数据以直线（式 2-14）为中心分布：

$$\sigma_F = \sigma_f V_{eff}^{1/m} \tag{2-13}$$

$$\sigma_F(N_f t_{eff})^{n_f} = D_f \tag{2-14}$$

式中，特性参数 D_f 和 n_f 分别是 $N_f t_{eff} = 1\text{s}$ 时直线上的 σ_f 值和直线的斜率，可以用最小二乘方确定之。另外，D_f 和 n_f 分别称为强度常数和强度恶化指数。按照冈部永年和伊藤洋茂等人的意见，n_f 与裂纹扩展速度指数 n 之间有下述关系：

$$n_f = n^{-1} \tag{2-15}$$

当将全部断裂应力数据 σ_f 通过下式换算成 $V_{eff} = 1\text{mm}^3$ 以及 $n_f t_{eff} = 1\text{s}$ 时的时间标准化强度（σ_F'）时，则：

$$\sigma_F' = \sigma_f V_{eff}^{-m} (N_f t_{eff})^{n_f} \tag{2-16}$$

以上各式中的常数 m、N_f 及 D_f 可通过反复法求得。

对此，伊藤和男及田保等人以表 2-2 中 $Al_2O_3 - ZrO_2 - C - SiC$ 滑板砖作为例子进行过深入研究，他们将所测得的这种滑板砖全部快速断裂和疲劳断裂强度数据先换算成有效体积 $V_{eff} = 1mm^3$ 时的标准化强度 σ_F，再将 σ_F 和破坏前累计有效负荷时间 $N_f t_{eff}$（在疲劳断裂试验以外 $N_F = 1s$）的关系作图，其结果示于图 2 – 13（室温）和图 2 – 14（1400℃）中，图中 ▽ 表示三点抗折快速破坏试验强度，▼ 表示反复疲劳破坏试验强度。由图 2 – 13 和图 2 – 14 看出：$Al_2O_3 – ZrO_2 – C – SiC$ 质滑板砖的断裂强度的全部数据经过标准化处理以后呈现出延迟断裂强度特性。

表 2 – 2　滑板砖的典型性能

化学成分/%	Al_2O_3	77.9
	SiO_2	0.9
	ZrO_2	9.6
	$C + SiC$	11.1
物理性质	显气孔率/%	5.9
	体积密度/$g \cdot cm^{-3}$	3.27

图 2 – 13 和图 2 – 14 中标准化强度 σ_F 和累计有效时间 $N_f t_{eff}$ 存在式 2 – 14 的关系，因而近似为直线。通过这种关系即可求出特性值 N_f 和 D_f。

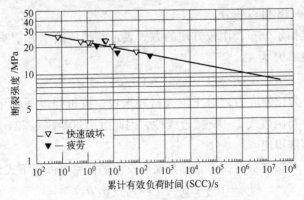

图 2 – 13　室温下铝锆炭滑板砖标准化强度 σ_F 与
累计有效负荷时间的关系

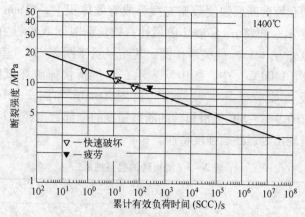

图2-14 1400℃时铝锆炭滑板砖标准化强度 σ_F 与
累计有效负荷时间的关系

维佰尔统计理论认为,在体积 V 中,临界缺陷发生的概率 P 为:

$$P = 1 - \exp(-\varepsilon_X V) \qquad (2-17)$$

式中, ε_X 为断裂危险率,它被假定为拉伸应力分布函数。在非均匀应力场的情况下,断裂危险率 ε_X 被假定为:

$$\varepsilon_X = (1/V)\int_V [(\sigma - \sigma_H)/\sigma_0]^m dV \qquad (2-18)$$

对于恒定缺陷群来说, m、σ_0、σ_H 是材料常数,在 σ_0 大于 σ_H 时,式2-18可以积分。

按维佰尔分布,用较方便的方式表示断裂危险率 ε_X,并假定累计断裂概率 P 为:

$$P = 1 - \exp[-(\sigma/\sigma_0)^m V_{eff}] \qquad (2-19)$$

式中, σ 为拉伸应力,对于耐火材料来说,抗折强度通常用作拉伸强度。分布函数式2-19接近线性,因此维佰尔参数 m 和 σ_0 可用简单的图解法得出。

对于单轴向负荷而言,临界缺陷发生的概率可以用下式计算:

$$P = 1 - \exp[-(V/V_0)(\sigma/\sigma_0)^m] \qquad (2-20)$$

式中, σ 为应力; V 为构件体积; σ_0 为换算强度; V_0 为换算体积。对于不均匀应力状态来说,式2-20扩展为:

$$P = 1 - \exp[-(1/V_0)\int_V (\sigma_f/\sigma_0)^m]dV \qquad (2-21)$$

伊藤和男及田保等人通过对 $Al_2O_3 - ZrO_2 - C - SiO_2$ 滑板砖全部测试数据的标准化强度 σ_F 进行统计分析，调查了其强度的波动情况。在这种情况下，式 2-21 则简化为：

$$P = 1 - \exp[-(\sigma_F/\sigma_{F0})^m] \qquad (2-22)$$

式中，常数 σ_{F0} 也可通过反复法求得。由此便获得了 $Al_2O_3 - ZrO_2 - C - SiO_2$ 滑板砖近似的累积断裂概率 P。同时，对 $N_f t_{eff} = 1s$ 时 $Al_2O_3 - ZrO_2 - C - SiO_2$ 滑板砖的时间标准化强度 σ_F 依据最优化的二模数维佰尔法绘图可得图 2-15 和图 2-16。图中结果表明，其强度波动与二模数维佰尔分布非常吻合。

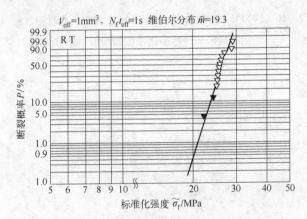

图 2-15 室温下有效体积 $V_{eff} = 1mm^3$、

有效负荷时间 $N_f t_{eff} = 1s$ 铝锆炭滑板砖

标准化强度的维佰尔分布

西田俊彦和安田荣一认为，在维佰尔图解中，材料的断裂概率 P 的分布，根据在精细陶瓷领域通常使用的对称试样累计分布法确定为：

$$P = (i - 0.5)/k \qquad (2-23)$$

式中，i 为断裂顺序；k 为试样总数。

有关耐火材料的变形和损坏在后面章节中将会有详细的讨论。

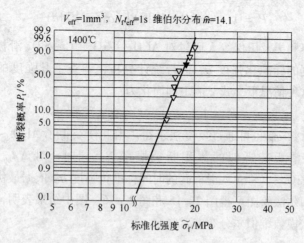

图 2-16　1400℃下有效体积 $V_{eff}=1mm^3$、有效负荷时间 $N_t t_{eff}=1s$
铝锆炭滑板砖标准化强度的维佰尔分布

3 耐火材料的非连续损毁

耐火材料的非连续损毁主要分为热剥落和结构剥落两大类型：前者是耐火材料经受温度变化（热震）形成的巨大应力（热应力）超过其强度所导致的不规则破坏；后者则是由于熔渣等侵蚀剂向耐火材料内部气孔中的浸透所导致的变质和使用温度变化的复合作用的结果。这两种类型的破坏都是导致耐火材料不连续的、超前损毁，而限制其使用寿命的重要原因。

一般说来，材料的断裂有两个步骤：首先是裂纹的产生，然后是裂纹扩展直到最后损坏。由于材料断裂有两个过程，可以设想任何一个都能控制总的破坏过程。因此，本章将首先讨论耐火材料脆性断裂及其有关的内容，然后再讨论耐火材料非线形断裂、高温蠕变、高温热疲劳和机械冲击损毁及其有关的内容，而耐火材料的结构剥落则留在第 4 章讨论。

3.1 对热震和热剥落的抵抗

众所周知，耐火材料对热应力以及热震破坏的敏感性，是限制其使用寿命的主要原因之一。在许多高温炉窑的应用中，耐火材料能够符合结构体在使用温度下的要求，但耐火结构体的破坏却往往在较低的温度条件下，发生在加热和冷却的过程中，原因是温度的变化或者温度梯度都会产生应力，导致应力的因素则是对物体自由膨胀的限制。在弹性范围内，该应力 σ 与耐火材料的 E 模数以及弹性应变 ε 成正比，后者等于线膨胀系数 α 和温度变化 ΔT 的乘积。因此，温度应力 σ 可用下式表示：

$$\sigma = E\alpha\Delta T/(1-\mu) \qquad (3-1)$$

式中，μ 为泊松比。

当 σ 超过材料强度时就会导致其断裂（裂纹产生）。像热压高级氧化物耐火制品、一些耐火陶瓷材料（如测温套管等）、浇注成

型 - 高温烧成的耐火部件、熔铸耐火制品以及石英玻璃等一类脆性耐火材料，一旦裂纹已经发生，应力状态就会使裂纹开始扩展，没有与塑性形变相比的大的能量吸收过程，因此就没有限制作用应力的机制，于是裂纹在均匀的应力场中继续扩展，直到完全破坏。在这种情况下，裂纹的产生是材料破坏的关键阶段。

简单地说，就是受急冷试样在温度差小的时候，其物理特性的变化并不会很大（通过强度体现出来），一旦超过一定的温度差之后，就会产生裂纹（裂纹成核），强度突然下降。当其超过形成裂纹的温度差极限时，材料的性状则取决于它对裂纹的抵抗性。如果以试验材料的弹性性状为前提，根据裂纹形成的热弹性理论，可以推导出下述公式来表示材料的最大允许温度差 ΔT_{max}：

$$\Delta T_{max} = [\sigma_f (1 - \mu) C]/(\alpha E) \qquad (3-2)$$

式中，σ_f 为抗折强度；μ 为横向收缩系数（泊松比）；α 为线膨胀系数；C 为形状系数。

由式 3-2 可求出材料的断裂强度（耐火材料为抗折强度）σ_f：

$$\sigma_f = \alpha E \Delta T_{max}/[(1 - \mu)C] \qquad (3-3)$$

除了温度突变之外，温度以稳定速度变化也能引起温度梯度以及热应力，不同形状构件中的表面应力及中心应力见表 3-1。

表 3-1   各种形状构件中的表面应力及中心应力

形 状	表面应力	中心应力
无限平板	$\sigma_X = 0$ $\sigma_Y = \sigma_Z = E\alpha(T_a - T_s)/(1 - \mu)$	$\sigma_X = 0$ $\sigma_Y = \sigma_Z = E\alpha(T_a - T_s)/(1 - \mu)$
薄 板	$\sigma_Y = \sigma_Z = 0$ $\sigma_X = E\alpha(T_a - T_s)$	$\sigma_Y = \sigma_Z = 0$ $\sigma_X = E\alpha(T_a - T_s)$
薄圆盘	$\sigma_r = 0$ $\sigma_\theta = \sigma_Z = E\alpha(T_a - T_s)/(1 - \mu)$	$\sigma_r = E\alpha(T_a - T_s)(1 - \mu)/2(1 - 2\mu)$ $\sigma_\theta = \sigma_Z = E\alpha(T_a - T_s)(1 - \mu)/2(1 - 2\mu)$
长的实心圆柱体	$\sigma_r = 0$ $\sigma_\theta = \sigma_Z = E\alpha(T_a - T_s)/(1 - \mu)$	$\sigma_r = E\alpha(T_a - T_s)(1 - \mu)/2(1 - 2\mu)$ $\sigma_\theta = \sigma_Z = E\alpha(T_a - T_s)(1 - \mu)/2(1 - 2\mu)$
长的空心圆筒	$\sigma_r = 0$ $\sigma_\theta = \sigma_Z = E\alpha(T_a - T_s)/(1 - \mu)$	$\sigma_r = 0$ $\sigma_\theta = \sigma_Z = E\alpha(T_a - T_s)/(1 - \mu)$

形　状	表　面　应　力	中　心　应　力
实心球	$\sigma_r = 0$ $\sigma_t = \sigma_\gamma = E\alpha(T_{fl} - T_s)/(1-\mu)$	$\sigma_t = \sigma_Z = 2E\alpha(T_a - T_s)/3(1-\mu)$
空心球	$\sigma_r = 0$ $\sigma_t = \sigma_Z = E\alpha(T_a - T_s)/(1-\mu)$	$\sigma_r = 0$ $\sigma_t = \sigma_Z = E\alpha(T_a - T_s)/(1-\mu)$

　　耐火材料与陶瓷材料相似，除了上述情况，表面以稳定速率冷却或加热时也存在产生应力的情况。例如，对于板状物体温度分布呈抛物线形，平均温度分布于中心温度与表面温度之间。因此，其半厚度 r_m、冷却速度 $\Phi(℃/s)$ 和热扩散率 $K/\rho c_p$ 来说：

$$\sigma_s = E\alpha\Phi r_m^2/[3K(1-\mu)/\rho c_p] \tag{3-4}$$

　　各种形状试样以恒定速度 $(\Phi = dt/d\theta)$ 冷却，其表面与中心温度差相似的关系式表达，见表 3-2。

表 3-2　各种形状物体以恒定速度 $(\Phi = dt/d\theta)$ 冷却时，
其表面与中心温度差

形　状	$T_a - T_s$
无限平板，半厚度 $= r_m$	$0.5\Phi r_m^2/(K/\rho c_p)$
无限长的圆柱体，半径 $= r_m$	$0.25\Phi r_m^2/(K/\rho c_p)$
圆柱体，半长度 $= r_m$	$0.201\Phi r_m^2/(K/\rho c_p)$
立方体，半厚度 $= r_m$	$0.221\Phi r_m^2/(K/\rho c_p)$

　　式 3-3 说明，当耐火材料经受快速温度变化（热震）时就会产生巨大的应力。在这种情况下，抵抗其变弱和断裂的性能则称为热持久性、抗热应力性和抗热震性。热应力对不同类型的耐火材料的影响不仅决定于应力水平、物体内的应力分布和应力持续时间，而且也决定于材料特性，如延展性、均匀性、气孔率以及先前存在的裂纹之类。因此，不可能用一个适合所有情况的单一的热应力抵抗因子。

　　热弹性理论认为，材料在热震条件下，当热应力超过其断裂强度时，即会产生新裂纹，这种裂纹一经出现，材料就会产生灾难性破坏。根据热震条件的不同，常用以下抗热震参数（即 Kingery 抗热震参数）来表征其抗热震性：

$$R = \sigma_f(1 - \mu)/(\alpha E) \qquad (3-5)$$

适用于材料受到十分急剧冷却的情况。

$$R'' = \sigma_f(1 - \mu)\lambda/(\alpha E) = R\lambda \qquad (3-6)$$

适用于材料受到一般冷却的情况。

$$R''' = \sigma_f(1 - \mu)/(\alpha E\lambda/\rho c_p) = aR \qquad (3-7)$$

适用于受到恒速急冷的情况。

式中，R、R''、R''' 为抗热震参数；λ 为热导率；c_p 为定压热容；ρ 为材料密度；$a = \lambda/c_p\rho$ 为导温系数，它表示材料在温度变化时温度趋于均匀的能力。

R、R''、R''' 越大，即 σ_f、λ 或 a 越大，E、α 越小，材料内裂纹起始就越困难，抗热震断裂的性能就越好。

如已有的资料表明的那样，对于热压高级氧化物耐火制品、一些耐火陶瓷材料、浇注成型－高温烧成的耐火部件和熔铸耐火砖以及石英玻璃等材料来说，试验结果证明它们的抗热震性与计算值是接近的。也就是说，当热应力超过这些耐火材料断裂强度时，材料即会产生裂纹，这种裂纹一经出现，材料就会发生灾难性破坏。

由此看来，为了提高上述耐火材料的抗热震性，主要的方法是要避免裂纹的产生。而对于避免因热震产生断裂，有利的材料特性应包括高强度、高热导率以及低的 E 模数和低的线膨胀系数（式3－5～式3－7）。

3.2 材料裂纹及裂纹长度

导致材料损坏的因素，除了拉、压、扭等机械应力以外，还存在急剧的温度变化，即由于所谓的热震产生的热应力。

热震导致材料断裂有两种形态：一是类似在高温结构用致密性陶瓷中看到的破坏性瞬间断裂（参见3.1 节）；二是类似触媒体和耐火材料（绝大多数）产生的剥落损毁，而其内部裂纹扩展速度乃是问题所在。

3.2.1 临界温度差（ΔT_c）

材料内部裂纹（潜在裂纹）在承受热应力作用时，裂纹的扩展量与初期裂纹长度（L 或者 L_0）有关。哈塞尔曼（Hasslman）提倡对材料热震破坏要有一个统一的理论，因而他借用平板力学模型，并假定裂纹在单位体积内有 N 条裂纹同时扩展，从而估算出整个物体在承受最大热应力的最坏条件下，裂纹不稳定性所需要的临界温度差 ΔT_c 为：

$$\Delta T_c = \left[\pi\gamma_{eff}(1 - 2\mu)^2 / 2\alpha^2 E_0(1 - \mu)^2 \right]^{1/2}$$
$$\left[1 + 16(1 - \mu^2)NL^3 / 9(1 - 2\mu) \right]L^{-1/2} \tag{3-8}$$

而单侧承受热负荷、具有 N 个长度一致裂纹的耐火试片的 ΔT_c 为：

$$\Delta T_c = (2\gamma_{eff} / \pi\alpha^2 E_0)^{1/2}(1 + 2\pi NL^2) \tag{3-9}$$

式中，E_0 为气孔率为零时材料的杨氏模量。将式 3-9 中的 ΔT_c 对 L 作图可得图 3-1。正如该图所示，裂纹不稳定区通常以两种裂纹长度值为界限。

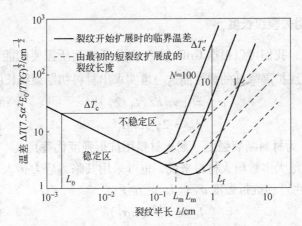

图 3-1 裂纹开始扩展所需的热应变与裂纹长度及裂纹密度

（1）如果最初裂纹长度 L_0 小于临界裂纹长度 L_m 时，那么裂纹扩展开始以后，由于能量释放速率超过断裂表面能，多余的能量则转化为运动着裂纹的动能。因此，当这种裂纹长度达到式 3-8 给出的长度时，它仍有动能，并继续扩展，直到释放的应变能等于总的断裂表面能为止。在图 3 - 1 中以虚线表示的最终长度 L_f 能满足这一条件。这些最终裂纹长度值，对于它们初期（起始）扩展所需要的临界温度差 ΔT_c 来说是亚临界的，在这些裂纹重新成为不稳定之前，要求温度差有一定的增加（即由 ΔT_c 增加到 ΔT_c，参见图 3 - 1），材料才会断裂。

当 L_0 甚小时，即 $L_0 \ll L_m$，$16(1 - \mu^2) N L_f^3 / 9 (1 - 2\mu) \ll 1$，则由式 3 - 8 得：

$$\Delta T_c \approx \left[\pi \gamma_{eff} (1 - 2\mu)^2 / 2\alpha^2 E_0 (1 - \mu)^2 L_0 \right]^{1/2} \qquad (3 - 10)$$

该式说明，ΔT_c 与裂纹密度 N 无关。

（2）相反，当裂纹长度 L_0 很长时，也就是 $16(1 - \mu^2) N L^3 / 9$ $(1 - 2\mu) \gg 1$ 时，由式 3 - 8 得：

$$\Delta T_c \approx 128 \pi \gamma_{eff} (1 + \mu)^2 N^3 L_0^5 / (81 \alpha^2 E_0) \qquad (3 - 11)$$

该式说明，ΔT_c 与 N 和 L_0 都有关。

（3）当裂纹长度处于上述两种情况之间时，ΔT_c 则由式 3 - 8 表述。

3.2.2　相关裂纹长度

首先，我们可以根据 Griffit 方程由分开表面所需要的能量 γ_{eff} 刚好小于裂纹扩展降低的弹性能这一事实求出材料初期裂纹长度 L_0：

$$\sigma_{eff} = \left[\gamma_{eff} E / (L_0 / 2) \right]^{1/2} \qquad (3 - 12)$$

$$L_0 = 2 \gamma_{eff} E / \sigma_f^2 \qquad (3 - 13)$$

式中，σ_f 为材料断裂强度（耐火材料用抗折强度代替）。

对于绝大多数耐火材料来说，也可采用其临界应力扩大系数 K_{IC}（断裂韧性）和抗折强度 σ_f 求 L_0 更方便：

$$L_0 = K_{IC}^2 / (\pi \sigma_f^2) \qquad (3 - 14)$$

其次，关于图 3 - 1 中的临界温度差曲线最低点的裂纹长度（临界裂纹长度 L_m）可令式 3 - 8 的 $d(\Delta T_c) / dt = 0$ 求出整个物体的 L_m 等于：

$$L_m = \left[9(1 - 2\mu) / 80(1 - \mu^2) N \right]^{1/3} \qquad (3 - 15)$$

这说明 L_m 只与裂纹密度 N 有关。也就是说，随着裂纹密度 N 增大，

L_m 值则减小（图 3 - 1）。然而，它却与物体形状有关。例如，耐火试片的 L_m 为：

$$L_m = (1/6\pi N)^{1/2} \qquad (3 - 15a)$$

最后，根据能量平衡原理，利用式 3 - 8 即可推出整个物体内裂纹扩展后的最终长度 L_f 等于：

$$L_f^2 - L_0^2 = 27(1 - 2\mu)^2 / [32(1 - \mu^2)NL_0]$$
$$\{1 - [9(1 - 2\mu) + 16(1 - \mu^2)NL_0^3] /$$
$$[9(1 - 2\mu) + 16(1 - \mu^2)NL_f^3]\} \qquad (3 - 16)$$

当 $L_0 < L_m$，且 L_0 甚短时，则 $16(1 - \mu^2)NL_0^3 / 9(1 - 2\mu^2) \ll 1$，由式 3 - 16 可得整个物体中裂纹扩展后的最终长度 L_f：

$$L_f = 3(1 - 2\mu) / [8(1 - \mu)NL_0^3] \qquad (3 - 17)$$

当 $L_0 > L_m$，且 L_0 甚长时，则 $[1 + 16(1 - \mu^2)NL_f^3 / 9(1 - 2\mu)] \approx 0$，由式 3 - 16 可得整个物体中裂纹扩展后的最终长度 L_f 等于：

$$L_f = 9(1 - 2\mu) + 40(1 - \mu^2)NL_0^3 / [24(1 - \mu^2)NL_0^3] \qquad (3 - 18)$$

需要指出：式 3 - 17 只适合具有脆性断裂特性的少数耐火材料，而式 3 - 18 才适合绝大多数耐火材料。

另外，式 3 - 14 ~ 式 3 - 18 表明，整个物体中裂纹扩展后的最终长度只与裂纹密度 N 和初期裂纹长度 L_0 有关，而与物体性能值无关。

根据式 3 - 13 和式 3 - 16 可求出 $L_0 < L_m$ 范围内裂纹扩展后的最终长度 L_f 为：

$$L_f = 3(1 - 2\mu)\sigma_f^2 / [16(1 - \mu^2)N\gamma_{eff}E] \qquad (3 - 19)$$

3.3 裂纹扩展的控制

由式 3 - 8 看出，若 N、L_0 一定时，则 $(\gamma_{eff}/E\alpha^2)^{1/2}$ 值越大，其临界温度差 ΔT_c 也越大。哈塞尔曼将 $(\gamma_{eff}/E\alpha^2)$ 定义为热应力裂纹稳定参数 $(R_{st}$ 和 $R'_{st})$：

$$R_{st} = (\gamma_{eff}/E\alpha^2)^{1/2} \qquad (3 - 20)$$

和

$$R'_{st} = \lambda(\gamma_{eff}/E\alpha^2)^{1/2} = R_{st}\lambda \qquad (3 - 21)$$

式 3 - 20 和式 3 - 21 表明，材料的线膨胀系数 α 和 E 模数越小，断

裂表面能 γ_{eff} 越大，R_{st} 和 R'_{st} 值就越大，裂纹扩展所需的温度差 ΔT_c 也越大，裂纹的稳定性越好。

同时，还可以想象到，在初期裂纹 $L_0 < L_m$ 的情况下，裂纹扩展后的最终长度 L_f 越长，表明裂纹由初期裂纹 L_0 发生动态扩展越厉害，即材料受热震损坏就越大。因此，哈塞尔曼定义：

$$R''' = E / [(1 - \mu)\sigma^2] \tag{3-22}$$

$$R'''' = \gamma_{eff}[E/(1 - \mu)\sigma^2] = \gamma_{eff}R''' \tag{3-23}$$

式中，R''' 和 R'''' 称为抗热震损伤参数，R'''' 值越大，说明热震时裂纹的动态扩展距离越小，材料受热震损坏的程度也就越小。同时，高 γ_{eff} 值的材料具有高抗热震性能。L_m 即可由 $d(\Delta T_c)/dL = 0$ 和 E 模数与 N 及 L 的关系中求得。

由此可见，采用 R'''、R'''' 和 R_{st}、R'_{st} 参数来控制材料的裂纹扩展时，需要首先确定 L_m 和 L_0 的相对长度。当 $L_m > L_0$（即 $L_0 < L_m$）时，则选用 R''' 和 R'''' 参数来控制材料的裂纹扩展；相反，当 $L_m < L_0$（即 $L_0 > L_m$）时，则选用 R_{st} 和 R'_{st} 参数来控制材料的裂纹扩展。L_0 可由式 3-13 和式 3-14 求得，而 L_m 即可由 $d(\Delta T_c)/dL = 0$ 和 E 模数与 N 及 L 的关系中求得。

简而言之，控制材料内裂纹扩展的条件是：

（1）当 $L_m/L_0 > 1$ 时，则用参数 R''' 和 R'''' 来控制材料的裂纹扩展；

（2）当 $L_m/L_0 < 1$ 时，则用参数 R'_{st} 和 R_{st} 来控制材料的裂纹扩展。

上述情况告诉我们，只有事先知道裂纹密度 N 和初始裂纹长度 L_0 之后，才能确定选用什么参数来控制材料的裂纹扩展，但这是非常困难的。在这种情况下，则可根据材料的 E 模数同 N 和 L_0 的关系：

$$E = E / [1 + 16(1 - \mu^2)/9(1 - 2\mu)NL^3] \quad （整块材料） \quad （I）$$

$$E = E / (1 + 2\pi NL^2) \quad （耐火试片） \quad （II）$$

和式 3-15 和式 3-15a 求得：

（1）在 $L_M/L_0 > 1$ 时：

$$E_{初始}/E_0 > 5/6 \quad （整块材料） \quad （III）$$

$$E_{初始}/E_0 > 3/4 \quad （耐火试片） \quad （IV）$$

（2）在 $L_M/L_0 < 1$ 时：

$$E_{初始}/E_0 > 5/6 \qquad\qquad （整块材料）\qquad （Ⅴ）$$
$$E_{初始}/E_0 < 3/4 \qquad\qquad （耐火试片）\qquad （Ⅵ）$$

式中，$E_{初始}$ 为材料初始 E 模数；E_0 为材料气孔率为零时的 E 模数。材料的 $E_{初始}$ 可以通过测试得到，而 E_0 则可以由材料各成分的 E 模数通过计算得到（详见3.5.5）。这样，就能较方便地选用控制材料裂纹扩展的参数：

（1）当 $E_{初始}/E_0 > 5/6$（整块材料）或者 $E_{01}/E_0 > 3/4$（耐火试片）时，则用参数 R''' 和 R'''' 来控制材料的裂纹扩展；

（2）当 $E_{初始}/E_0 < 5/6$（整块材料）或者 $E_{01}/E_0 < 3/4$（耐火试片）时，则用参数 R'_{st} 和 R_{st} 来控制材料的裂纹扩展。

一般地：

（1）当 $E_{初始}/E_0 > C$ 时，则用参数 R''' 和 R'''' 来控制材料的裂纹扩展；

（2）当 $E_{初始}/E_0 < C$ 时，则用参数 R'_{st} 和 R_{st} 来控制材料的裂纹扩展。C 为常数，C 可以根据已知材料的 E 模数与 N 和 L_0 的关系以及 L_m 值通过计算得到。

虽然材料内部裂纹的扩展达到最终长度与材料性能值无关，但裂纹扩展却可导致材料强度下降。两者对应关系如图3-2和图3-3所示。

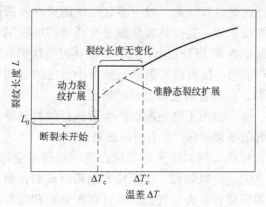

图3-2　裂纹长度对温差的函数关系

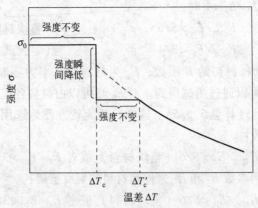

图 3 – 3   强度对温差 ΔT 的函数关系

图 3 – 2 和图 3 – 3 表明，含有裂纹的材料在断裂开始扩展时，裂纹扩展是动力的，裂纹长度和材料强度都随温度差的增加程度而变化。图中表明，热应力小于断裂临界应力时，强度或者裂纹长度都没有变化。在断裂临界应力时，裂纹动力扩展时，裂纹长度便很快变成新的数值，强度也表现出相应的突然降低，因为其后裂纹呈亚临界状态。在裂纹重新扩展之前必须增加温度差（超过断裂开始的 ΔT_c）达到 $\Delta T_c'$。在 $\Delta T_c \sim \Delta T_c'$ 之间的温度范围内，不发生进一步的裂纹扩展，强度也无变化。对于图 3 – 2 和图 3 – 3 中所示的 $\Delta T_c > \Delta T_c'$ 来说，裂纹呈准静态扩展，强度也相应降低。

通过上述讨论可以认为，对于多孔粒状耐火材料来说，需要避免灾难性的裂纹扩展，其抗热震参数是在断裂扩展时用于裂纹扩展的弹性能量最小的 R''' 以及当出现热应力破坏时裂纹扩展距离最小的 R''''。R''' 和 R'''' 表明：使裂纹扩展降低到最小程度的有利材料性能值是高的 E 模数，高的表面能以及低的断裂强度。这说明：如果断裂确实发生了，那当初为了避免断裂产生所选择的材料特性将会对裂纹扩展所引起的断裂破坏产生有害的结果。

对于耐火材料（例如耐火砖和耐火浇注料等不定形耐火材料）来说，由于它们是由粗颗粒、中颗粒和细粉组成的，而且颗粒分布范围广泛，因而是含有大量气孔，并且在粗颗粒和结合相之间存在比较大的裂纹（龟裂）的一类材料。一般来说，这类材料内的初期裂纹长度都在图 3-1 中 L 比较大的区域内，所以 ΔT_c 由式 3-11 表达。对此，林国郎等人曾经作过深入研究。他们采用不同的温度差对表 3-3 中锆质耐火砖经急冷后的试样，研究了裂纹扩展量与急冷温度差 ΔT_c 之间的关系，其结果如图 3-4 所示。图中 L 是根据测量对应的各急冷后试样的 κ_{IC} 及 σ_f 值求出的。

表 3-3　锆质砖的化学成分和物理性能

试样号	1	2	3	4
$w(ZrO_2)$ /%	99	90	80	60
显气孔率/%	17.5	17.1	16.3	16.0
体积密度/g·cm^{-3}	3.85	3.47	3.25	3.13
杨氏模量/GPa	67.9	73.5	35.6	30.6
线膨胀系数/℃$^{-1}$	4.73×10^{-6}	4.62×10^{-6}	4.61×10^{-6}	6.88×10^{-6}

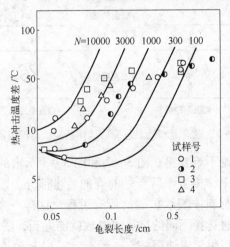

图 3-4　热冲击温度差与龟裂长度 L 的
试验值和理论值的关系

由图 3-4 看出，在 ΔT_c 较小时，裂纹长度也比较小的区域，锆质耐火砖裂纹稳定曲线与实际之间都很一致，裂纹扩展显示出与哈塞尔曼理论所预想的扩展规律。然而，随着急冷温度差 ΔT_c 和裂纹长度变大，发现裂纹密度小的曲线有偏离实际的倾向。原因是理论是假定在裂纹扩展过程中其密度不变的情况下推导出来的，而实际情况却是材料在承受热震时，裂纹在扩展过程中，其密度往往会发生改变，尤其在 ΔT_c 和裂纹长度大时就更是如此。林国郎等人测得锆质耐火砖各试样在高温区域 γ_{eff} 增大以及在急冷温度差 ΔT_c 较大时，观察到试样断裂面凸凹交错和凹口部位裂纹伸长的事实就是有力的证据。

产生上述现象的主要原因是由于与急冷温度差 ΔT_c 较小的情况相比，在急冷温度差 ΔT_c 比较大时，材料在产生裂纹稳定破坏的过程中，裂纹很容易同邻接的裂纹结合，并聚合为大裂纹而使裂纹的绝对数减少了（裂纹密度降低了），结果导致裂纹产生了分枝，如图 3-5 所示。在这种情况下，要使材料产生断裂，就需要更多的能量。

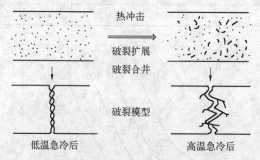

图 3-5   经高温和低温急冷后试样断裂状态模拟示意图

从以上讨论不难看出，图 3-2 和图 3-3 示出的裂纹扩展的两种类型，实际上，相当于后者是前者的后半部分。因而可以认为用前者即可表示材料中裂纹扩展的所有过程。这样一来，抑制裂纹扩展，仅需要通过选择不同的抗热震参数就能办到，图 3-6 示出了这种对应关系，可供读者选用。

然而，由图 3-6 看出，即使化学组成相同的材料，由于结构不同（如有无裂纹、裂纹长度与密度），热震条件不同，表征抗热震的参数也可以不同。此外，在 R 与 R_{st} 参数中，E 与 α 的影响不同；而 R 与 R'''' 中，σ_f 和 E 的影响正好相反。这就是说，使裂纹扩展降低到最小程度的特性是大的 E 模数、高的断裂功以及低强度。这些对 E 模数和强度的要求刚好与适合避免断裂发生的要求相反。因此，如

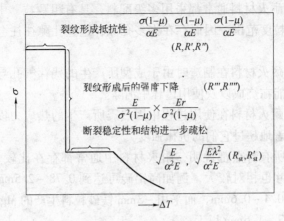

图 3-6 温度差 ΔT 对急冷试样强度 σ 的影响

果断裂确实发生了，那么当初为了避免断裂发生而选择的材料特性对抑制裂纹扩展所引起的破坏将会产生有害的结果。

3.4 耐火材料的脆性断裂

3.4.1 耐火材料的结构和类型

大多数耐火材料都是非均质的多相体，存在比较大的裂纹、裂隙等，而导致其实际的抗热震性指标与计算值不完全相同，因为计算是按已知的参数，以物体最大应力为前提进行的。

对于大多数耐火材料来说，大的应力梯度和短的应力持续时间意味着断裂自表面开始，但也能在造成全部破坏之前被气孔或颗粒之间的界面所阻止。对于这些耐火材料，提高气孔率会导致更好的抗热震性。最优的气孔率通常是 10% ~ 20%。

我们已经注意到耐火材料通常具有以下特点：

（1）耐火材料通常属于多相系，不同相之间的线膨胀系数往往不同，这会引起应力而导致微裂纹产生。同时，耐火制品（砖）从烧成温度冷却时产生的应力也是微裂纹的来源。另外，使用过程中形成的应力亦能在表面引起高的应力而产生微裂纹，但不会导致耐火材料最终的断裂。

（2）耐火材料通常都采用多级配料，具有粗颗粒、中颗粒和细粉广泛的粒度范围，因而存在许多孔隙，这些孔隙往往会成为断裂的起点。

（3）耐火材料在制造时由于成型所产生的残存气孔导致的微裂纹，不可能在烧成以及使用过程中消除。

（4）耐火材料在使用过程中因热震所产生的热应力以及机械应力将会显著地超过它们的机械强度。

上述所有特点都说明，耐火材料中通常都存在比较多的气孔，而且其尺寸也相对较大，例如高铝砖可达到 $0.78 \sim 2.5mm$，镁质砖亦可达到 $0.4 \sim 0.6mm$，而采用 $-3mm$ 镁砂粒料生产的 $MgO - C$ 砖则达到了 $0.7 \sim 1.6mm$ 以上。

由此可见，对于绝大多数耐火材料来说，应当控制裂纹扩展的条件而不是控制裂纹的成核条件。也就是说，当耐火材料在产生最初裂纹之后，消除热应力而使其具有最小的结构破坏的能力应成为我们研究的重点。

可以认为，应用断裂力学来分析、研究耐火材料的断裂强度和裂纹扩展规律可能是适当的，其中包括耐火材料抗断裂性能的指标，建立断裂损坏的条件以及耐火材料的强度计算方法等内容。

我们知道，耐火材料的强度可以用室温下三点抗弯试验中在材料弯曲时得到的荷重与位移的关系图来描述。图 3 - 7 显示了一些耐火材料的荷重 - 位移曲线（$p - u$ 曲线）示意图。图中各 $p - u$ 曲线的差别是由各种不同耐火材料的断裂机理不同所致。图 3 - 7a 和 b 表明荷重在破坏之前直线增加至达到最大时，材料就产生断裂（破坏）。与此不同的是，以后各曲线（图 3 - 7 中 c ~ f）则是在破坏点附近荷重不同程度的缓慢增加，达到最大荷重后先缓慢下降，然后迅速下降至断裂（图 3 - 7c ~ d），或者在达到最大荷重后荷重一直缓慢下降至断裂（图 3 - 7e ~ f）。

从破坏类型来分析，认为耐火材料 a 及 b 为不稳定破坏；耐火材料 c 及 d 在即将破坏前产生了局部的非线形变形，为近似于准稳定破坏；耐火材料 e 及 f 在即将破坏前则产生了明显的非线形变形，呈准稳定破坏。

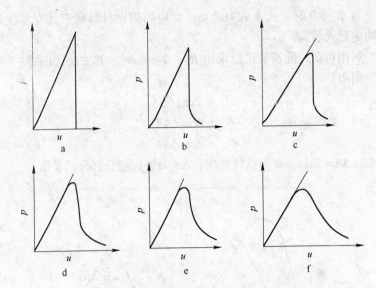

图 3-7 耐火材料荷重 p-位移 u 示意图

a，b—$\phi_{n_1}=0$ 为线弹性耐火材料；c，d—$\phi_{n_1}\neq0$ 但 ϕ_{n_1} 值较小，
表明材料在将要破坏前产生了局部非弹性变形；
e，f—非线性显著的耐火材料

从能量方面来观察，耐火材料承受应力后先产生弹性变形（p-u 图上直线部分），然后进入塑性变形（p-u 图上曲线部分）阶段。在 p-u 图上，外力所做的功分成弹性变形功和塑性变形功两个部分，前者作为弹性应变能储存在变形材料内。当材料中裂纹产生扩展时，这一部分弹性应变能将提供裂纹扩展前所需要的塑性变形功以及产生新表面所需要的能量。

如果我们用断裂能韧性值 R_c 来表示裂纹扩展所需要的断裂能量的话，那么由能量保存法则可以得知，R_c 应等于裂纹单位面积扩展时的破坏面形成能 G_c 和其非线形断裂能 Φ_{ni} 之和：

$$R_c = G_c + \Phi_{ni} \qquad (3-24)$$

当 $\Phi_{ni}=0$ 时，则

$$R_c = G_c \qquad (3-25)$$

对应的耐火材料属于线形弹性体。

当 $\Phi_{ni} > 0$ 时，式 3 – 24 成立。对应的耐火材料属于具有非线形结构的耐火材料。

利用负荷 – 除荷法可以求出 R_c、G_c 和 Φ_{ni}，其方法如图 3 – 8 所示，图中：

$$R_c = \Delta \pi_R / \Delta A \tag{3-26}$$

$$G_c = \Delta \pi_G / \Delta A \tag{3-27}$$

$$\Phi_{ni} = \Delta \pi_{ir} / \Delta A \tag{3-28}$$

式中，$\Delta A = B \Delta a$；B 为试样宽度；Δa 为裂纹增长部分的长度。

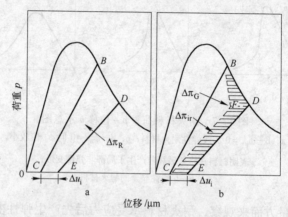

图 3 – 8 荷重 – 位移曲线示意图

3.4.2 耐火材料的脆性断裂解释

线形弹性型耐火材料的重要特征是 $\Phi_{ni} = 0$，$R_c = G_c$。Irwin 认为，线形弹性体的断裂应力韧性值（确定裂纹开始扩展时的应力标准物理量）K_R 同断裂能韧性值 R_c 之间存在如下关系（按 Irwin 关系式）：

$$R_c = K_R^2 / E \tag{3-29}$$

式中，E 为弹性模量。比较式 3 – 25 和式 3 – 29 得：

$$G_c = K_R^2 / E \tag{3-30}$$

式中，K_R^2 / E 表示形成断裂面所需要的能量。

显然，线形弹性型耐火材料在拉应力作用下不会出现塑性变形，仅产生脆性断裂损坏。因此，在外力作用下，其应力同应变成比例增加，直到发生脆性断裂为止。因而对应的应力－应变关系表现为线弹性特征。这就是说，可以应用线弹性力学的基本方法对断裂体进行分析。

当所讨论的耐火材料承受热负荷所产生的热应力或者由于负载所产生的机械应力超过其强度时就会导致破坏。根据胡克定律，应力 σ 同应变 ε 成比例：

$$\sigma = \varepsilon E \quad \text{或} \quad E = \sigma/\varepsilon \tag{3-31}$$

由于线形弹性型耐火材料在产生应变直到断裂前只出现很小的弹性变形而不会出现塑性变形，因而其极限强度一般都不会超过弹性极限，表明它们抗动负载或抗冲击能力不高。

烧成的高纯镁砖在拉伸试验时产生的断裂行为是线形弹性型耐火材料的典型例子，如图 3-9 所示。

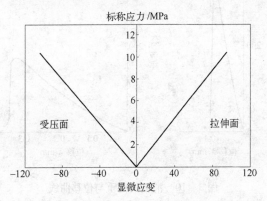

图 3-9　抗折试验中获取的镁质耐火
材料的标称应力显微应变性能曲线

图 3-9 表明，这种镁砖在小型拉伸试验时呈现线弹性特征曲线，直到发生脆性断裂为止。因为 MgO 的立方晶体结构产生各向同性热膨胀而不会存在残余应力。

又如，$Al_2O_3 - ZrO_2 - C - SiO_2$ 滑板（表 3-4）在室温时对应的应力－应变关系表现为线弹性特征，但在 1200℃ 时，在破坏点附近荷重增加缓慢，由于颗粒间软化和位移等，则在将要破坏前产生了某些局部的非弹性变形（塑性变形）。可以认为，这种破坏近于准稳态破坏，如图 3 – 10 所示。

表 3 – 4   滑板砖的典型特性

化学组成/%	Al$_2$O$_3$	77.9
	SiO$_2$	0.9
	ZrO$_2$	9.6
	C + SiC	11.1
物理性质	显气孔率/%	5.9
	体积密度/g·cm^{-3}	3.27

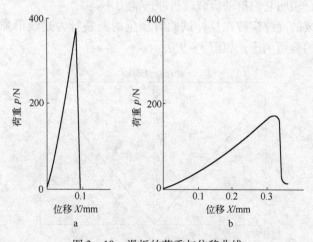

图 3 – 10   滑板的荷重与位移曲线
a—室温；b—1200℃

根据 E 模数和断裂韧性值 K_{IC} 可以计算诱发裂纹扩展所要求的能量（裂纹产生的表面能）γ_{NBT}：

$$\gamma_{NBT} = K_{IC}^2(1 - \mu^2)/2E \tag{3 – 32}$$

通常，耐火材料的 μ 值都很小，大约为 1/6，所以可取 $1 - \mu^2 \approx 1$，则式 3 – 32 即为：

$$\gamma_{NBT} \approx K_{IC}^2/2E \tag{3 – 33}$$

对于耐火材料的不稳定破坏，可以借用哈塞尔曼提出的抗热震

损伤参数 R'''' 控制其在承受热震时的损坏。

对于耐火材料准稳定破坏,通常用哈塞尔曼提出的热应力裂纹稳定参数 R_{st} 和 R'_{st} 来控制。

3.5 耐火材料非线形断裂

前面讨论了耐火材料内部裂纹产生和扩展以及有关(脆性)断裂问题,这都是在耐火材料弹性性状的前提下进行分析的。然而,试验中却往往观测到耐火材料呈无弹性性状,即在某一应力作用下出现不可逆变形。在这种情况下,承受应力的耐火材料能够通过自身非损毁变形来减少所产生的应力,提高抗热震性能。

3.5.1 耐火材料非线形断裂结构

早已观察到实用耐火材料往往显示出某些非线形应力 - 应变特性,并伴有少量的永久变形(不可逆变形)。也就是说,当耐火材料在受到机械刺激时其对应的关系(应力 - 应变)不仅在高温下而且在常温下大多表现出非线形特性(黏弹性、塑性和蠕变等),如图 3 - 11 ~ 图 3 - 13 所示。图 3 - 11 是 Poiri 等人在 1991 年发表过的一组压缩试验的典型数据。它表明,MgO - C 砖在室温下具有脆性,其刚性随荷载的增加而下降,卸载后则产生残余应变,MgO - C 砖的强度在初期增加而后下降。图 3 - 12 则示出了高铝砖受拉时的应力 - 应变的特性曲线。图中表明,负载时,材料丧失刚性,卸载后,则出现

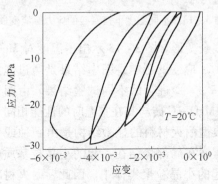

图 3 - 11 镁炭砖的典型应力 - 应变图

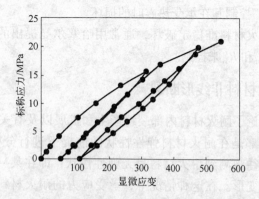

图 3 - 12   弯曲实验中高铝砖的应力 - 应力性能

（标称应力是根据呈线性弹性的施加力矩计算出的，

应力直接从拉伸面测得）

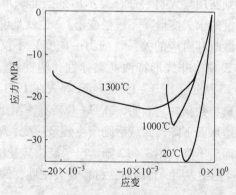

图 3 - 13   不同温度下镁炭砖的应力 - 应变曲线

一定的永久性残余变形。图 3 - 13 示出了温度对 MgO - C 砖（500℃ 预处理）的应力 - 应变的影响，图中结果是通过施加相同的负载变形率（$1.5 \times 10^{-5} s^{-1}$）进行的不同试验结果。由图 3 - 13 看出，在 500℃ 预处理的 MgO - C 砖与其在室温时的性能相同。

事实上，典型耐火材料的显微结构是由一种或多种大晶粒相组成的，大晶粒镶嵌在局部烧结在一起的小晶粒基质中或者嵌在由结合物黏结在一起的小晶粒聚集体中。因此，耐火材料在某一应力作用下往往会产生非可逆变形。

显然，耐火材料本身不均匀（其内部含有裂纹、裂隙和气孔等）是导致非线形断裂结构的主要原因。

耐火材料非线形性能是由许多作用过程所引起的，其中包括显微裂纹（其碎片阻止裂纹闭合），显微裂纹残余应力释放以及耐火材料的塑性、黏弹性和高温蠕变等。对于烧成耐火制品来说，微量残余应力因显微裂纹的形成而得到释放是导致永久性变形的主要原因。局部应力集中则体现在有开口裂纹的形成，并产生新裂纹。另外，显微镜下的观察结果证明碳复合氧化物系耐火材料，例如 MgO – C 砖等的非线形性能是材料逐渐损坏的结果，温度的影响主要体现在材料的滞弹性应变增加和强度下降方面。

当耐火材料由线膨胀系数不同的两相或者多相材料组成时，就会在受热后的冷却过程中由于热配合不当产生应力，而且较大的应力作用在颗粒相和基质部分的界面上。其结果就有可能在界面上引起裂纹甚至破裂。即使是由单相材料构成的耐火材料，如石墨、Al_2O_3、TiO_2、$Al_2O_3 \cdot TiO_2$ 以及石英等也会由于其不同结晶方向上的线膨胀系数不同（各向异性）而产生同样的现象。

例如，在三维的等轴晶粒结构（线膨胀系数为 α_p）中，对于一个球形粒子处于无限基质（线膨胀系数为 α_m）中的简单情况，该球形粒子受到均匀的等静压应力 σ 作用，其最大应力作用在球形粒子与基质部分的界面上，其值由下式给出：

$$\sigma = (\alpha_m - \alpha_p)\Delta T / [(1 + \mu_M)/2E_m + (1 + 2\mu_p)/E_p] \quad (3 - 34)$$

式中，字母的脚码 m 和 p 分别表示基质和球形粒子（颗粒）。

式 3 – 34 说明，σ 由球形粒子和基质线膨胀系数差、各自弹性模量以及材料所经受的温度差所决定。

对于非等轴晶粒组成的复合/复相耐火材料来说，其最大应力与式 3 – 34 给出的结果是相似的，此时式中 $\Delta\alpha$ 是线膨胀系数端值之差。由线膨胀系数各向异性的单相材料所构成的耐火材料，其晶界附近的应力则是相当复杂的，并随晶界距离的增加而急剧减小。

在由单相材料构成的耐火材料中，由于结晶学方向有很大差别，所以也会形成应力引起微裂纹。对于已经形成大的应力的单相耐火材料来说，这些裂纹一个重要结果就是测出的线膨胀系数出现的滞后现象，这种膨胀滞后现象特别发生在线膨胀系数的不同结晶方向上有明显差别的耐火材料中。其中，石墨耐火材料就是典型的代表。例如，石墨垂直 c 轴的线膨胀系数为 $1 \times 10^{-6}℃^{-1}$，平行 c 轴的线膨胀系数为 $27 \times 10^{-6}℃^{-1}$，而观测到的石墨耐火材料的线膨胀系数在 $1 \times 10^{-6} \sim 3 \times 10^{-6}℃^{-1}$。图 3-14 示出了石墨耐火材料 $a_0 = 0.5$ 的 CT 样品的 K_R（断裂应力韧性值）与裂纹增加量 Δa 的关系（R 曲线），表明它具有明显的非线形性能。

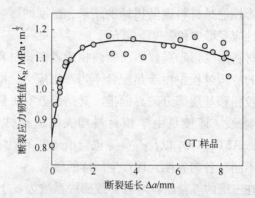

图 3-14 初始槽口长度 $a_0/W = 0.5$ 的样品的 R 曲线

不过，Sakai 等人应用断裂力学的分析方法，并结合定量断面显微镜检测，对同一石墨耐火材料的 R 曲线进行深入细致的研究后认为：在痕迹区由微裂纹所引起的残余应力对 K_R 值的增长性是不重要的，而在断裂面接触带由颗粒连接所致的牵引力对 K_R 值的增长性却是很重要的。

在复相/复合耐火材料中，当颗粒边界上的最大应力 σ_{max} 大于颗粒与基质之间的结合强度 σ_{pm} 时就会在界面上产生显微裂纹。存在以下几种情况：

（1）如果 $\alpha_p > \alpha_m$，则基质将离开颗粒，可导致围绕颗粒周边产生裂隙（即壳状气孔），如图 3-15a 所示；

（2）如果 $\alpha_p < \alpha_m$，则颗粒将挤压基质，可导致在基质中围绕颗粒产生放射性微裂纹，如图 3-15b 所示。

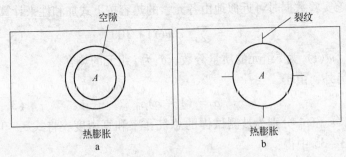

图 3-15 结构疏松的机理

a—$\alpha_p > \alpha_m$；b—$\alpha_p < \alpha_m$

已有的资料认为：

（1）$\alpha_p > \alpha_m$，$E_p > E_m$ 时，复合/复相耐火材料有可能获得最佳的非线形断裂结构；

（2）$\alpha_p > \alpha_m$，$E_p < E_m$ 时，复合/复相耐火材料有可能获得较佳的非线形断裂结构；

（3）$\alpha_p < \alpha_m$，$E_p < E_m$ 时，复合/复相耐火材料在基质含量（体积分数）中间范围内有可能获得一定的非线形断裂结构；

（4）$\alpha_p < \alpha_m$，$E_p > E_m$ 时，复合/复相耐火材料难以获得非线形断裂结构。

3.5.2 耐火材料非线形断裂结构的判断

耐火材料非线形断裂结构主要是通过由动力测定法和静力测定法所测得的 E 模数值较大差别而得到证明。这就是说，如果在常温条件下测得动力 E 模数（记为 E_{adi}）和静力 E 模数（E_{iso}）值相差较大时，那么该材料就具有较明显的非线形性状。两者的差值越大，非线形性状也就越显著。

E_{adi} 是在急速加荷条件下应力和变形的绝热弹性率，而 E_{iso} 则是在缓慢加荷条件下应力和等温变形的弹性率。两者满足以下关系：

$$E_{iso}^{-1} - E_{agi}^{-1} = T\alpha^2/\rho c_p \qquad (3-35)$$

式中，T 为测试温度，K；α 和 ρ 分别为被测试样的线膨胀系数和体积密度；c_p 为被测试样的等压热容。耐火材料、炉渣和玻璃的热容，在缺乏实验数据时可近似地由各元素的热容按下式加和性来计算：

$$c_p = \sum [c_i w(i)]/100 \qquad (3-36)$$

式中，$w(i)$ 为 i 组元的质量分数；c_i 为 i 组元的热容。

另外，由于

$$\rho = (1-\varepsilon)\rho_0 \qquad (3-37)$$

式中，ε 和 ρ_0 分别为被测试样的总气孔率和真密度。将式 3-37 代入式 3-35 中得：

$$E_{iso}^{-1} - E_{adi}^{-1} = T\alpha^2/[\rho_0 c_p (1-\varepsilon)] \qquad (3-38)$$

在常温条件下，T 和 α 值都较小，如果 ρ 和 c_p 值较大时，则 $E_{iso} \approx E_{adi}$，此时对 E_{iso} 和 E_{adi} 可不加区分，通常用 E 表示材料的弹性率。另外，式 3-38 还表明：材料气孔率上升，E_{iso} 和 E_{agi} 值的差距增大，说明气孔率上升会提高耐火材料的非线形性状。

如果用 K 作为耐火材料的均匀性指标，则 $K = E_{iso}/E_{adi}$ 代入式 3-38 得：

$$K - 1 = T\alpha^2 E_{adi}/\rho c_p = T\alpha^2 E_{adi}/[\rho_0 c_p (1-\varepsilon)] \qquad (3-39)$$

这就是说，耐火材料的气孔率提高时其非均匀性也会增加（因为 $K=1$ 时认为耐火材料趋于均匀）。另外，温度升高时，耐火材料的气孔率会升高，因而 K 值亦会发生变化。温度对 K 值有明显的影响，这可由式 3-39 得到证明。

由于残余变形对耐火材料 E_{agi} 和 E_{iso} 有影响，从而导致 $K>1$，由式 3-39 可得：

$$K = 1 + T\alpha^2 E_{adi}/[\rho_0 c_p (1-\varepsilon)] \qquad (3-40)$$

由于 $T\alpha^2 E_{adi}/[\rho_0 c_p (1-\varepsilon)] > 0$，所以对应的耐火材料具有非线形性状。也就是说，如果耐火材料的应力-变形性状不能保持纯弹性，那么所测得的 K 值就会明显大于 1，说明对应的耐火材料的非线形性状也就越显著。式 3-39 和式 3-40 都说明，耐火材料在高温条件下都具有非线形性状。

纯度（$w(MgO)$）为 98% 的烧成镁砖（表 3-5）在 800℃ 以下急冷时，其 $E_{adi}/E_{iso} \approx 1$，如图 3-16 所示，这说明该烧成镁砖近于均匀性。抗折试验也表明，其标准应力-应变曲线呈现纯弹性的特性，直到发生脆性断裂为止，参见图 3-9。如图 3-16 所示，当急冷温度超过 1000℃时，由于其组织结构产生了变化而引起变形，结果则导致该烧成镁砖的 E_{adi} 和 E_{iso} 值产生较大差别。当向这种镁砖配料中添加 2% ZrO_2 之后（表 3-5），由于 ZrO_2 相变诱发了一些微裂纹，结果则导致 E_{adi} 和 E_{iso} 产生了某些变化，使 K 值有所增加。这可将表 3-5 中的数据代入式 3-35 中进行计算即可得证明：

$$(K_M - 1)/(K_A - 1) = 0.985 \qquad (3-41)$$

可得 $K_A > K_M$。

表 3-5　镁砖的性能

性　能		A	M
化学成分（质量分数）/%	MgO	97.0	99.0
	CaO	0.7	0.7
	SiO_2	0.1	0.1
	ZrO_2	2.0	—
体积密度/g·cm^{-3}	X	3.04	2.97
	S	0.027	0.009
平均气孔直径/μm		15.8	14.9
常温耐压强度/MPa		54.3	55.1
常温抗折强度/MPa		18.7	16.2
动力弹性模量/GPa		77.3	75.5
高温抗折强度/MPa	1000℃	22.6	17.55
	1200℃	19.8	17.0
	1400℃	—	8.65
线膨胀系数 α_{20}/K^{-1}		1.42×10^{-5}	1.41×10^{-5}
热导率/W·(m·K)$^{-1}$	400℃	7.5	7.5
	800℃	6.2	5.5
	1200℃	5.6	5.0
断裂韧性系数 K_{IC}/N·mm$^{-1.5}$		51.5	58.3

图 3-16 表明添加 2% ZrO_2 的高纯镁砖（表 3-5A）在急冷温

度高于1000℃时，由于其组织结构发生了重要变化而产生了永久变形，结果则导致 E_{iso} 值下降更快，而使 K_A 值明显超过1。

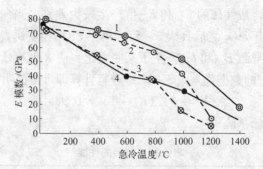

图 3-16 经 5 次急冷后，急冷温度对镁砖 A 和
M 动力和静力 E 模数的影响
1—动力 E（砖种 A）；2—静力 E（砖种 A）；
3—动力 E（砖种 M）；4—静力 E（砖种 M）

图 3-16 清楚地表明了，不论加或不加 ZrO_2 的高纯镁砖，急冷温度低于800℃时，其 E_{adi} 和 E_{iso} 值相差都非常小，可以不加区分。但急冷温度超过1000℃后，其 E_{adi} 和 E_{iso} 值相差却很大，表明（E_{ido}^{-1} – E_{adi}^{-1}）值增大了。根据式 3-35，这只能是材料的密度下降了或者气孔率上升了（式 3-38）。也就是说，材料的原始结构已经遭受到破坏。图 3-16 同时表明，急冷温度越大，由于材料内产生的热应力增大，伴随着出现的微裂纹增加，结果便使材料原始致密度的破坏加剧，因而强度下降（图 3-17），E 模数衰减亦加快了（其中 E_{iso} 的衰减速度比 E_{adi} 更快），见图 3-16。

以上结果表明，烧成高纯镁砖只有在组织经受急剧温度差时才会发生变化而呈现出明显的非线形性状，添加 ZrO_2 即可进一步提高它们的非线形性状。

与烧成高纯镁砖不同，无 SiO_2 的板状 Al_2O_3 基低水泥耐火浇注料（LCC，其性能见表 3-6）的应力 - 应变性状却表明（图 3-18），无论在何种温度下急冷都不能保持纯弹性，说明这种耐火浇注料的非线形性状非常显著，因为 E_{adi} 和 E_{iso} 值差别特别大。而烧成高纯镁砖只有在组织经受温度急剧变化的情况下才部分发生变形而出现上述性状。

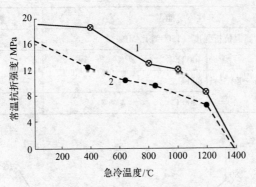

图 3-17 经 5 次急冷后，急冷温度对镁砖
A 和 M 常温抗弯强度的影响
1—砖种 A；2—砖种 M

表 3-6 LCC 耐火浇注料的性能

性 能		数 值
110℃下干燥后	体积密度/g·cm^{-3}	3.15
	开口气孔度（体积分数）/%	14
	平均气孔直径/μm	0.46
	常温耐压强度/MPa	80
	常温抗折强度/MPa	14
800℃，0.5h 煅烧后	体积密度/g·cm^{-3}	3.10
	开口气孔度（体积分数）/%	17
	平均气孔直径/μm	0.57
	常温耐压强度/MPa	70
	常温抗折强度/MPa	12
	断裂韧性系数 K_{IC}/N·mm$^{-1.5}$	55.7
1500℃，5h 煅烧后	体积密度/g·cm^{-3}	3.10
	开口气孔度（体积分数）/%	17
	平均气孔直径/μm	1.45
	常温耐压强度/MPa	120
	永久性变化/%	0.05

续表3-6

性 能		数 值
高温抗折强度（1500℃）/MPa		15
热导率/W·(m·K)$^{-1}$	400℃	4.5
	800℃	3.5
	1200℃	3.4

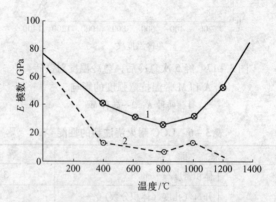

图3-18 急冷温度对刚玉浇注料 E 模数的影响
1—动力 E 模数；2—静力 E 模数

由此可见，耐火材料是否具有非线形结构，只要通过测定 E_{adi} 和 E_{iso} 是否存在较大差别便可确认。当然，也可通过测定 E_{adi} 和 E_{iso} 中之一以及其他物理性能值按式3-40计算出 K 值来判断。这便能简单地确定被试验耐火材料是否具有非线形断裂结构，进而估计出它们的非线形性能的潜力。

3.5.3 耐火材料非线形断裂的评价

在将非线形性状显著的耐火材料按弹塑性体考虑时，即可应用弹塑性断裂力学理论进行研究和分析。在这种情况下，通常采用弹塑性断裂韧性参数 J 来表征其抵抗断裂的能力，也就是当 $J = J_{IC}$（J 积分值 = 临界 J 积分值）时，裂纹开始扩展，断裂体断裂。考虑到 J 积分与形变功功率有关，且存在以下关系：

$$J = - 1/B'\left[(\partial U/\partial a)\Delta u \right] \tag{3-42}$$

式中，B' 为试样厚度；U 为试样变形功；a 为裂纹长度；Δu 为给定位移。式 3-42 是 J 积分得以实验测定的基础。

当应用弹塑性断裂力学研究非线形性状显著的耐火材料的断裂强度以及应力-应变关系时，其中后者是主要变量，同时也涉及材料的屈服性状、弹塑性、粘弹性以及高温蠕变等非线形性状的内容。

可以指出，在单轴应力-应变状态下，材料的全部应变 ε 等于弹性应变 ε_e 和塑性应变 ε_p 之和，即：

$$\varepsilon = \varepsilon_e + \varepsilon_p \tag{3-43}$$

通过利用负荷-除荷三点弯曲法所获得的荷重-位移曲线（$p-u$ 曲线），其直线部分满足弹性应变条件，根据胡克定律（类似式 3-31）：

$$\varepsilon_e = \sigma/E \tag{3-44}$$

式中，σ 为应力。

$p-u$ 曲线的曲线部分则满足塑性应变条件，根据 Ramberg-Osgood 法则，塑性应变 ε_p 与应力 σ 呈指数关系：

$$\varepsilon_p = (\sigma/B)^n \tag{3-45}$$

式中，B 和 n 称为 Ramberg-Osgood 系数（塑性系数），与温度有关。

将式 3-44 和式 3-45 代入式 3-43 中得：

$$\varepsilon = \sigma/E + (\sigma/B)^n \tag{3-46}$$

由以上分析（式 3-43~式 3-46）即可求出不同温度时材料的塑性系数 B 和 n。作为典型的例子，久保田裕和瓜田右辅（1999）根据非线形显著的 Al_2O_3-MgO 耐火浇注料（表 3-7）的 $p-u$ 曲线和他们所测定的不同温度时的 E 模数，计算出相应温度下的 B 和 n 值，其结果分别示于图 3-19~图 3-21 以及表 3-8 中。

表 3-7 铝镁耐火浇注料的化学成分和性能

性　能		110℃，24h	1500℃，5h
化学成分（质量分数）/%	Al_2O_3	90	
	MgO	7	
	SiO_2	0.4	

续表 3 - 7

性　能		110℃, 24h	1500℃, 5h
物理指标	体积密度/g·cm⁻³	3.03	2.85
	显气孔率/%	18.1	23.6
	常温耐压强度/MPa	8	33
	永久线变化率/%	—	1.57

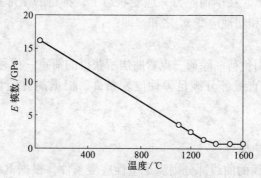

图 3 - 19　温度与 E 模数的关系

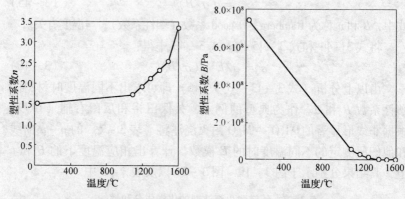

图 3 - 20　温度与塑性系数 n 的关系　图 3 - 21　温度与塑性系数 B 的关系

表 3 - 8　从三点弯曲试验得到的温度与塑性系数的相关性

温度/℃	E 模数/GPa	塑性系数 n	塑性系数 B
室温	16.3	1.5	7.5×10^8
1100	3.55	1.7	5.9×10^7

温度/℃	E 模数/GPa	塑性系数 n	塑性系数 B
1200	2.48	1.9	3.25×10^7
1300	1.41	2.1	9.5×10^6
1400	0.708	2.3	4.3×10^6
1500	0.636	2.5	2.0×10^6
1600	0.566	3.3	1.04×10^6

另外，如逆井等人所指出的，要想说明许多耐火材料出现复杂的非线形断裂结构，断裂能韧性值 R_c 是一个重要参数。因为它表征具有非线性性状耐火材料的断裂难易程度。R_c 由式 3 - 26 给出，其中非线形破坏能 Φ_{ml} 是由图 3 - 22 所示的残余物（伴随裂纹的扩展，以前产生的残余物）中的残余应变能和伴随断裂面间的颗粒、纤维桥键作用而摩擦散失的能量构成，它可以由式 3 - 26 和式 3 - 29 求出：

$$\Phi_{ml} = R_c - K_p^2/E \tag{3-47}$$

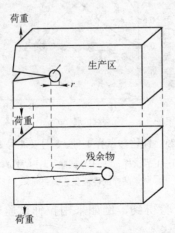

图 3 - 22　生产区和生产区残余物示意图

这表明 Φ_{ml} 由断裂能韧性值 R_c 和断裂应力韧性值 K_R 决定，因而 Φ_{ml} 可以通过测定耐火材料性能值得到。

研究耐火材料非线形断裂机理得出：具有非线形性状的耐火材料（可参见图 3-7c、f），其断裂特性曲线（R 曲线）行为主要反映在 K_R 值的改变上。因此，也可以用 K_R 值来预测耐火材料的非线形性状的潜力。

现在已经得知，具有非线形性状耐火材料的 R 曲线，归纳起来有三种类型：

（1）在裂纹扩展过程中，R 曲线先上升后下降，K_R 值然后再减小至某一数值，如图 3-23 曲线 1 所示。

（2）在裂纹扩展过程中，R 曲线不断上升，K_R 值不断增加，如图 3-23 曲线 2 所示。

（3）在裂纹扩展过程中，R 曲线先上升然后达到平稳，K_R 值稳定，如图 3-23 曲线 3 所示。

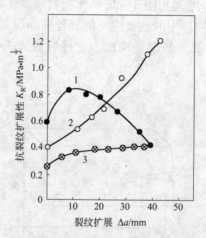

图 3-23 镁铬砖试样 1 号、3 号及 4 号 K_R 曲线

1—1 号试样；2—3 号试样；3—4 号试样

（试样的性能见表 3-9）

K_R 值可以由实验得到，例如采用拉伸试验时，K_R 值则按下式计算：

$$K_R = PY(a/w)/(B'/w) \qquad (3-48)$$

式中，P 为荷重；B'、w 分别为试样厚度和宽度；a 为裂纹长度；$Y(a/w)$ 为形状因子，由下式求得：

$$Y(a/w) = (0.886 + 4.64a/w - 13.32a^2/w^2 + 14.762a^3/w^3 -$$
$$5.6a^4/w^4) \times [(2 + a/w)/(1 - a^{3/2}/w^{3/2})] \quad (3-49)$$

R_c 值可由式 3-26 计算，式中 $\Delta\pi_R$ 为裂纹扩展所需要的能量变化，即图 3-8 所示出的裂纹从 B 点（a_i）向 D 点（a_{i+1}）扩展时绘制 $p-u$ 曲线下的 $BCEDB$ 的面积。求 $\Delta\pi_R$ 所需要的 BC、DE 的斜率用 $1/C(a_i/w)$、$1/C(a_{i+1}/w)$ 表示，其中 $C(a/w)$ 的计算如下：

$$C(a/w) = \lambda(a/w)B'E \quad (3-50)$$

式中，$\lambda(a/w)$ 等于：

$$\lambda(a/w) = 0.408778 - 1.52443(a/w) + 9.04028(a^2/w^2) -$$
$$1.17334(a^3/w^3) + 15.9708(a^4/w^4) - 5.56415(a^5/w^5) \quad (3-51)$$

现在以 $MgO-Cr_2O_3$ 砖为例（表 3-9），研究有关非线形断裂问题。研究中采用小型拉伸试验所获得的 $p-u$ 曲线示于图 3-24 中，将图中结果按式 3-47 计算的 R_c 值则示于图 3-25 中（$MgO-Cr_2O_3$ 砖（添加或不添加特殊材料）的热膨胀曲线如图 3-26 所示）。由图 3-24 看出 $MgO-Cr_2O_3$ 砖的 R 曲线为先上升然后下降型；添加 3% 低膨胀材料（图 3-24）的 $MgO-Cr_2O_3$ 砖，其 R 曲线为上升型；而添加 5% 低膨胀材料 $MgO-Cr_2O_3$ 砖，其 R 曲线为先上升然后达到平稳型。图 3-25 则表明，所有试样产生裂纹均需要大量的能量，但其后扩展所需要的能量却较少。图 3-25 同时表明，R_c 都先下降然后达到平稳（收敛）。对于裂纹扩展后期的断裂韧性值（收敛值 R_c）进行比较，可以说添加 3% 低膨胀材料的 $MgO-Cr_2O_3$ 砖抑制裂纹扩展的效果好。

表 3-9　试样的性能指标

试 样 号	1（基本材料）	2	3	4
体积密度/g·cm^{-3}	3.31	3.30	3.23	3.16
显气孔率/%	5.6	15.8	17.5	19.5
断裂模量/GPa	8.3	7.9	6.4	5.2
弹性模量/MPa	29	27	16	10
低膨胀材料添加量（质量分数）/%	0	1	3	5

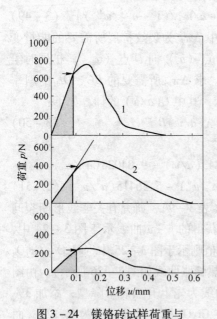

图 3 - 24　镁铬砖试样荷重与
点位移的关系曲线

1—0%；2—3%；3—5%特种材料
（箭头表示引起主要裂纹施加的荷重，
黑色面积为弹性位移的能量部分）

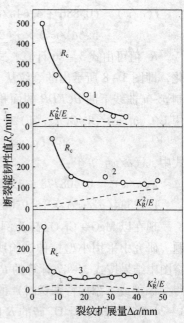

图 3 - 25　断裂能韧性值和
裂纹扩展量的关系

1—0%；2—3%；3—5%
（试样性能见表 3 - 9）

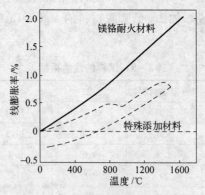

图 3 - 26　镁铬砖耐火材料和特殊
添加材料的热膨胀曲线

这样一来就可按照式 3 – 47 求出具有非线形性状耐火材料的非线形破坏能（Φ_{nl}），从而估计出非线形破坏的难易。

通过以上讨论可以得出以下结论：对于具有非线形性状耐火材料来说，可通过求出其断裂能韧性值 R_c 的收敛值以及测出常温 E 模数和抗折强度 σ_f，并计算出 R'''' 值，便可定量地评价这类耐火材料的抗热震性。

3.5.4 耐火材料 R_c 值同抗热震性的关系

大多数耐火材料属于多孔材料，因而应当采用哈塞尔曼提出的抗热震损伤参数 R'''、R'''' 和热应力裂纹稳定性参数 R_{st}、R'_{st}，来评价其抗热震性能。为了讨论方便起见，现将这些参数的表达式重新写在下面：

$$R''' = E/[\sigma_f^2(1-\mu)] \tag{3-52}$$

$$R'''' = \gamma_{wof}E/[\sigma_f^2(1-\mu)] = \gamma_{wof}R''' \tag{3-53}$$

$$R_{st} = (\gamma_{wof}/\alpha^2 E)^{1/2} \tag{3-54}$$

$$R'_{st}, = \lambda(\gamma_{wof}/\alpha^2 E)^{1/2} = \lambda R_{st} \tag{3-55}$$

式 3 – 53 表明，材料的断裂强度 σ 较小而 E 模数和断裂功 γ_{wof} 较大时，材料抗热震的动态扩展距离最小，材料受热震损伤的程度也就小。式 3 – 54 则表明，材料的线膨胀系数 α 和 E 模数越小，断裂功 γ_{wof} 越大，R_{st} 值就越大，裂纹开始扩展所需要的温差也越大，裂纹的稳定性就越好。

式 3 – 53 ~ 式 3 – 55 中的断裂功 γ_{wof} 是材料中初期裂纹启动和扩展产生的单位面积所需要的能量。提高材料的断裂功值就能提高其抗热震性能。断裂功值在应力 – 应变曲线图中是荷重 – 变形曲线与 X 轴围成的面积，如图 3 – 27 所示。

通常认为，在最大荷重值（P_{max}）的 20% 时，裂纹扩展基

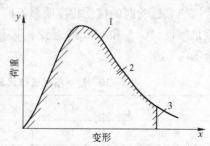

图 3 – 27　荷重变形曲线的示意图
1—荷重变形曲线；2—破坏能；
3—最大荷重值的 20%

本上就停止了, 所以可将断裂功达到 $0.2P_{max}$ 时定义为完全破坏所需要的做功量, 即:

$$\gamma_{wof} = U_{wof}\int F\mathrm{d}a/2A \qquad (3-56)$$

对式 3 - 56 积分可得:

$$\gamma_{wof} = U_{wof}/2S \qquad (3-57)$$

式中, S 为试样的断裂面积; A 为断裂面突出的面积 (断裂面的投影面积); U_{wof} 为测试试样完全断裂为止的总断裂能 (有时也称为扩散功), 它等于:

$$U_{wof} = 2A\int R_c(A)\mathrm{d}a/2S \qquad (3-58)$$

至此, 我们就可以利用材料性能值根据式 3 - 52 ~ 式 3 - 55 来评价材料抗热震性能。但在评价材料抗热震性能时还需要先知道初期裂纹的相对长度。其中 R''' 和 R'''' 只适用于初期裂纹长度小于 L_m 的场合。然而, 当初期裂纹长度大于 L_m 时, 由于裂纹扩展得不到动能而以准静态扩展, 因而就应借用 R_{st} 和 R'_{st} 来评价。因为增大 R_{st} 值, 可使 ΔT_c 值增大, 从而减缓裂纹的扩展。也就是说, 如果材料中裂纹以准静态、稳定扩展, 其抗热震性能用 R_{st} 来表示。

由此可见, 当在不知道初期裂纹相对长度而且难以确定的情况下, 就选用参数 R'''' (由式 3 - 57 得到的 γ_{wof} 值 (也就是 $p-u$ 曲线图形中的收敛值) 所计算的 R'''' 值) 来评价耐火材料的抗热震性能存在较大的危险性。例如, 在表 3 - 10 的 MgO - C 砖中, G10 和 G15 尽管抗热震试验时的损伤程度明显不同, 但在 R'''' 的评价上其差距很小就是例证。G15 和 G20 的裂纹扩展量与 R_c 变化的关系如图 3 - 28 所示。

表 3 - 10　耐剥落试验结果与计算结果之间的关系

试　样	G5	G10	G15	G20
R/MPa^{-1}	383	517	524	698
$R_c/\mathrm{J}\cdot\mathrm{m}^{-2}$	115	121	151	199
剥落结界	44	62	80	139

试 样	G5	G10	G15	G20
耐剥落指数①	× × 0.5	× △ 0.75	△○ 0.75	○○ 1.50
R'''②	1.0	1.33	1.31	1.81
R_c②	1.0	1.05	1.31	1.73
R''''②	1.0	1.40	1.80	3.13
耐剥落指数	1.0	1.5	2.5	3.0

①× ×：大裂纹；×△：小裂纹；△○：微裂纹；○○：无裂纹；
②据 G5 比率计算。

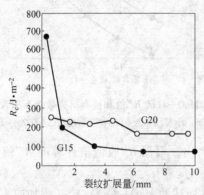

图 3 – 28 G15 和 G20 裂纹扩展量与
R_c 变化的关系

不过，众多的试验结果却表明，使用 R_c 的收敛值计算的 R'''' 参数便可避免上述问题。因为 R_c 的收敛值表示对裂纹扩展的抵抗。

$$2\gamma_{wof} = \int R_c(A)\,da/S \qquad (3-59)$$

$$R'''' = \gamma_{wof}E/\sigma_f^2(1-\mu)$$

$$= E\Big[\int R_c(A)\,da/2S\Big]\Big/\Big[\sigma_f^2(1-\mu)\Big] \qquad (3-60)$$

仍然以表 3 – 10 中 MgO – C 砖为例，图 3 – 28 示出了它们的 R_c 值。图 3 – 28 表明，石墨含量（质量分数）增加到 15% 为止，MgO – C 砖的 R_c 初期值很高，此后降低收敛；而石墨含量为 20% 时，MgO –

C 砖 R_c 初期值虽然较低，但此后却不怎么降低。图 3 - 28 还表明，石墨含量越高，MgO - C 砖收敛值就越大。因此，MgO - C 砖中石墨含量越高，阻止裂纹扩展的能力就越大。由 R_c 收敛值计算的 R'''' 与石墨含量的关系如图 3 - 29 所示。图中同时示出了抗剥落试验的结果（采用钢水浸渍法进行试验的结果）。该结果是根据裂纹产生状况，按图 3 - 29 下注中的标准作为剥落指标进行数据化的。

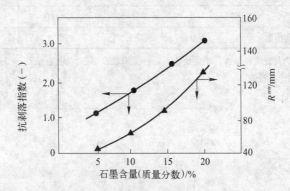

图 3 - 29　MgO - C 砖 R'''' 值和抗剥落指数与石墨含量的关系
（大裂纹 × × = 0.25；小裂纹 × △ = 0.5；微裂纹 △ ○ = 0.75；无裂纹 ○ ○ = 1.0）

由图 3 - 29 看出，根据 R_c 收敛值计算的 R'''' 值与抗热震剥落试验结果的相关性很好。

又例如，前文所述的 MgO - Cr$_2$O$_3$ 砖（添加或不加低膨胀材料），急冷—急热（1200℃快速加热后置于室温中进行急冷）试验的结果示于图 3 -30中，图中同时示出了由 R_c 收敛值计算的 R'''' 值。图 3 - 30 表明，R'''' 值与抗剥落试验指标也具有非常好的相关性。

上述所有的研究结果都表明，应用 R_c 收敛值计算的 R'''' 参数来评价具

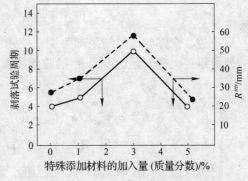

图 3 - 30　特殊添加材料加入量与镁铬砖试样耐剥落性的关系

有非线形性状耐火材料的抗热震性能是可靠的。

3.5.5 耐火材料最佳非线形断裂结构的设计

从具有非线形性状耐火材料的应力-应变曲线所看到的那样，耐火材料非线形性状显著是由其破坏所导致总体线膨胀系数的变化引起的。因此，要判断耐火材料非线形性的潜力，将耐火材料未损坏前的总体线膨胀系数 α_{eff} 同拉伸完全损坏时的线膨胀系数 α_{lim} 进行比较就能实现。

众所周知，耐火材料显微结构的几何形状是由一个完全嵌入基质相中的颗粒相构成的。颗粒相的物理特性可随时从文献中查到，基质相的性能值却需要进行测算，因为基质相的小颗粒间的结合是不完全的，而且往往由多相组成。

现在已经得知，固体材料的泊松比 μ 可以由相关模数求得（表 3-11），多孔材料的泊松比 μ 一般不取决于其气孔率 ε，耐火材料的泊松比 μ 都很小，大约为 1/6，因而可以认为它们的泊松比 μ 为零（即 μ_{eff} 接近 0）。为了测算方便，便可假定耐火材料基质相的亦为 μ_m 接近 0。这样，基质相（往往为多相集合体）总体膨胀系数 α_T 就可以近似地由克纳（Kerner）提出的求聚集体膨胀系数 α_T 的表达式求出：

$$\alpha_T = \frac{\alpha_1 + C_2(\alpha_2 - \alpha_1)[K_1(3K_2 + 4G_1)^2 + (K_2 - K_1)(16G_1^2 + 12G_1G_2)]}{(4G_1 + 3K_2)[4C_2G_1(K_2 - K_1) + 3K_1K_2 + 4G_1G_2]}$$

$$(3-61)$$

表 3-11　各种弹性率之间的关系

模数	G, K	G, E	K, E	G, μ	K, μ	E, μ
G	—	—	$3KE/(9K-E)$	—	$3K(1-2\mu)/2(1+\mu)$	$E/2(1+\mu)$
K	—	$3KE/(9K-3E)$	—	$G[(1+\mu)/3(1-2\mu)]$	—	$E/3(1-2\mu)$
E	$9GK/(3K+G)$	—	—	$2G(1+\mu)$	$3K(1-2\mu)$	—
μ	$(3K-2G)/2(3K+G)$	$(E/2G)-1$	$(1-E/3K)/2$	—	—	—

也可以按特纳（Turner）关系式求得其近似值：

$$\alpha_T = (\sum K_i F_i \alpha_i / \rho_i) / (\sum K_i F_i / \rho_i) \qquad (3-62)$$

式中，K、G、F 和 ρ 分别为某相 i 的体积模量、剪切模量、质量分数和平均相密度；C_2 为第二相体积分数。通常将基质相的有效线膨胀系数当做矿物组分的线膨胀系数的加权平均数（根据体积分数），即将 α_T 记为 α_m（m 代表基质）。

在二相系统中，总体模量在高模量和低模量之间。在第二相为球形粒子的特殊情况下，Hashin 和克纳以不同形式导出了 K 和 G 的上（L）下（U）界值的精确解。对于 $K_2 > K_1$ 及 $G_2 > G_1$ 时：

$$K_L = K_1 + C_2 / [1/(K_2 - K_1) + 3C_1/(3K_1 + 4G_1)] \qquad (3-63)$$

$$K_U = K_2 + C_1 / [1/(K_1 - K_2) + 3C_2/(3K_2 + 4G_2)] \qquad (3-64)$$

$$G_L = G_1 + C_2 / [1/(G_2 - G_1) + 6C_1(K_1 + 2G_1)] /$$
$$[5G_1(3K_1 + 4G_1)] \qquad (3-65)$$

$$G_U = G_2 + C_1 / [(G_1 - G_2) + 6C_2(K_2 + 2G_2)/$$
$$5G_2(3K_2 + 4G_2)] \qquad (3-66)$$

弹性模量 E 可以由体积模量 K 和剪切模量 G 按下式求得相应的上、下界（E_L、E_U）值：

$$E = 4KG/(3K + G) \qquad (3-67)$$

对于各向同性的材料来说，其弹性模量仅有一个，与方向无关，因而用下式计算：

$$G = E/[3(1 + \mu)] \qquad (3-68)$$

如果假定复相/复合材料由许多层组成，这些层平行或垂直于作用的单轴应力，则二相复相/复合材料的弹性模量最宽的上、下界值为：

$$E_L = C_1 E_1 + C_2 E_2 \qquad (3-69)$$

$$E_U^{-1} = C_1 E_1^{-1} + C_2 E_2^{-1} \qquad (3-70)$$

对于其他模量来说，也可以写出类似的关系式。在这种情况下，大部分作用应力由高模量相承担。

复合材料的 E、G、K 和 μ 之间的关系见表 3-11。

材料气孔率 ε 对 E 模数的影响可以用下式来描述：

$$E = E_0 \exp(-c\varepsilon) \qquad (3-71)$$

式中，c 为常数；E_0 为复相/复合耐火材料气孔率为零时的 E 模数。

当 $c\varepsilon < 1$ 时，E 模数可以用下述近似式表示：

$$E \approx E_0(1 - c\varepsilon) \qquad (3-72)$$
$$E \approx E_0(1 - c\varepsilon + b\varepsilon^2) \qquad (3-73)$$

式中，b 为常数。典型的 $\mu = 0.3$ 的连续基质封闭气孔的材料，其 E 模数为：

$$E \approx E_0(1 - 1.9\varepsilon + 0.9\varepsilon^2) \qquad (3-74)$$

通过以上一系列的运算，即可求出复相/复合耐火材料基质相的总体模数 K_m 和总体线膨胀系数 α_m，然后计算复相/复合耐火材料的总体模数 K_{eff} 和总体线膨胀系数 α_{eff}：

$$K_{\text{eff}}^{-1} = (C_p\beta_p^{-1}K_p^{-1} + C_m\beta_m^{-1}K_m^{-1})/(C_p\beta_p^{-1} + C_m\beta_m^{-1}) \qquad (3-75)$$
$$\alpha_{\text{eff}} = (C_p\alpha_p\beta_p^{-1} + C_m\alpha_m\beta_m^{-1})/(C_p\beta_p^{-1} + C_m\beta_m^{-1}) \qquad (3-76)$$

式中，$C_p = 1 - C_m$，而且

$$\beta_p = (3K_p)^{-1} + (4C_p)^{-1} \qquad (3-77)$$
$$\beta_m = (3K_m)^{-1} + (4C_m)^{-1} \qquad (3-78)$$

式中，C_p 和 C_m 分别为复相/复合耐火材料颗粒和基质相的体积分数。

于是，便可将上述所讨论的耐火材料的 α_{eff} 值同其拉伸到接近完全损坏的极限值（α_{lim}）进行比较（具体操作是从标称温度开始分档次冷却之后一直到接近一个相完全损坏），以求出具有最佳非线形断裂结构耐火材料的组成范围。

3.5.5.1 $\alpha_p > \alpha_m$ 的耐火材料

在 $\alpha_p > \alpha_m$ 的情况下：

（1）当耐火材料的 $\alpha_p > \alpha_m$ 时，无论 $E_p > E_m$ 或者是 $E_p < E_m$，通过对 α_{eff} 同 α_{lim} 比较后得出，其非线形性状都随着高热膨胀相含量的增加而提高。例如，$\alpha_p > \alpha_m$，$E_p < E_m$ 的耐火材料，从接近一个完全损坏的温度冷却，使高热膨胀相达到损坏极限时，则：

$$K_{\text{eff}} = \alpha K_p C_m/(3C_p - 2C_m) \qquad (3-79)$$
$$\alpha_{\text{lim}} = \alpha_m \qquad (3-80)$$

$$C_p = [6K_m/(K_m - K_p)]^{1/2} - 2 \qquad (3-81)$$

这说明 $\alpha_p > \alpha_m$，$E_p < E_m$ 的耐火材料，当 $C_p \geq [6K_m/(K_m - K_p)]^{1/2} - 2$ 的组成时就具有良好的非线形性状。

（2）对于 $\alpha_p > \alpha_m$，$E_p > E_m$ 的耐火材料来说，也可通过类似的计算求得：

$$C_p = 3 - [6K_p/(K_p - K_m)]^{1/2} \qquad (3-82)$$

这说明 $\alpha_p > \alpha_m$，$E_p > E_m$ 的耐火材料，其组成 $C_p \geq 3 - 6K_p/(K_p - K_m)^{1/2}$ 便具有较佳的非线形性状。

3.5.5.2 $\alpha_p < \alpha_m$ 的耐火材料

在 $\alpha_p < \alpha_m$ 的情况下：

（1）当 $E_p < E_m$ 的耐火材料中高热膨胀相接近完全损坏极限时，则：

$$K_{lim} \approx 0$$
$$\alpha_{lim} = (3C_p\alpha_p + C_m\alpha_m)/(3C_p + 2C_m) \qquad (3-83)$$

对应耐火材料的基质相损坏，在基质中围绕颗粒形成放射性裂纹，参见图 3-15b。此类耐火材料无刚性，但总体线膨胀系数减少到一个加权平均数。于是可令 $d(\alpha_{eff} - \alpha_{lim})/dC_m = 0$ 求得：

$$C_m = \frac{[3^{1/2}(\alpha_m - \alpha_p)^{1/2}/(\alpha_m + \alpha_p)^{1/2} - (\beta_m/\beta_p)^{1/2}]}{2[(\alpha_m - \alpha_p)^{1/2}/3^{1/2}(\alpha_m + \alpha_p)^{1/2} + (\beta_p/\beta_m)^{1/2} - (\beta_m/\beta_p)^{1/2}]}$$
$$(3-84)$$

说明对应耐火材料在体积分数的中间范围组成时具有一定的非线形性状的潜力。

（2）当 $\alpha_p < \alpha_m$ 而 $E_p > E_m$ 时，由于该材料的基质相较软，而线膨胀系数较高，因而难以获得非线形性断裂结构，所以其非线形性状的潜力不会很大。

3.5.6 提高耐火材料非线形性能的途径

由上述讨论可知，通过控制颗粒相和基质相的体积分数即可获得接近最佳化非线形性状潜力的耐火材料。然而，耐火材料使用环境复杂、严酷，只有具备很高的综合性能才能与相应的使用条件相适应。因此，在考虑耐火材料的配方设计时，不可能只优化一个参数。相反，却需要考虑综合性能的平衡。也就是说，为了能与具体的使用条件相适应，其配方设计往往不可能只根据具有最佳非线形性状的显微结构进行设计。由此可见，耐火材料的组方并不一定具备最佳非线形性能的潜力，甚至不具备非线形性能。在这种情况下，即可采用阻止裂纹扩展、消耗裂纹扩展动力、提高材料断裂表面能、增加材料塑性等许多途径来增加耐火材料的非线形性状，以便能提高材料的抗热震性能。

（1）通过改变配料比例、颗粒大小、分布及形状都有可能提高复相耐火材料的非线形性状，从而达到提高其抗热震性能的目的。

氧化物系耐火材料最佳非线形性状的配方设计，在上节已作了深入讨论，此处不再赘述。

此外，从实际观察到的结果还得出，耐火材料内应变能的降低与颗粒尺寸的立方成比例，而由断裂引起的表面能的增加却与颗粒尺寸的平方成比例，因而自发的裂纹主要发生在大颗粒中。这样一来，就可以向耐火材料中配入一部分大颗粒来提高材料的非线形性状，因为大尺寸强力骨料会使裂纹转向，改善晶间裂纹性能。早就发现，使用适当体积分数的粗骨料即可阻止裂纹的扩展。例如，在电炉顶部三角区及中心区域使用的刚玉质耐火浇注料中配入约 30mm 大颗粒（其用量为 25%）时就能阻止裂纹的扩展。实际使用结果也表明，这种材质大大提高了使用寿命。因为这种材质在一定的应力阶段，在裂纹顶端附近区域可形成许多微裂纹，结果则需要更多的能量才能导致裂纹扩展的发生。其原因是原有裂纹伸长和新裂纹形成所需要的能量同原有裂纹伸长所释放的能量达到平衡时，原有裂纹开始扩展，而微裂纹区域也逐渐扩大。后者也需要消耗一部分能量，因而对原有裂纹的扩展有抑制作用。同时，上述耐火浇注料中骨料颗粒的 E 模数一般都高于基质的 E 模数，所以骨料颗粒对原有裂纹的扩展有阻碍作用。骨料与基质的 E 模数比值越大，原有裂纹顶端离骨料表面越近，骨料颗粒尺寸越大，骨料的阻裂作用就越大。

骨料颗粒形状对耐火材料非线形性状的影响如图 3-31 所示。

图 3-31 中曲线 1 为用标准颗粒制成的刚玉质耐火浇注料的荷

重－位移曲线，它几乎无非线形性状。而将曲线 1 中的 30%（质量分数）颗粒用球形颗粒替换（曲线 5），虽然提高了强度，但却增加了刚性，因而脆而易于断裂。相反，当曲线 1 中骨料用一部分棒状骨料替换时，就能提高材料的非线形性状（这可通过比较图 3 - 31 中曲线 1 与曲线 2 和曲线 4 对比看出），棒状骨料替换越多，非线形性状就越显著（棒状骨料替换量（质量分数）：曲线 2 为 10%，曲线 4 为 30%）。

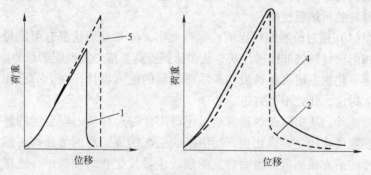

图 3 - 31 试验浇注料的典型断裂行为

事实上，通过在耐火材料内弥散一些棒状或片状骨料都有可能提高耐火材料的非线形性状。

与此近似，非氧化物与氧化物复合耐火材料如 $MgO - C$、$Al_2O_3 - C$ 和 $ZrO_2 - C$ 等，由于碳和氧化物之间不能烧结，而靠碳实行结合，所以这类耐火材料的非线形性状也可以通过调节两者的数量、颗粒大小和分布来控制。

从炭素原料方面考虑，含碳复合耐火材料的非线形性状随碳含量的增加而提高，这是大家共知的事实。而在需要应用低碳耐火材料如低碳 $MgO - C$ 砖的情况下，即可采用膨胀石墨（薄片石墨）或者微细石墨（应用纳米技术）作为碳源，从而在减少石墨用量的情况下也能制造出抗热震性能优良的低碳材料。前者是使石墨片变薄，后者则是使石墨颗粒细化，两者都是因为增加了石墨表面积而导致石墨和氧化物颗粒间的接触界面增加，根据微裂纹引起的表面积会随石墨片变薄或者石墨颗粒变细而使材料 K_R 值增大这一事实，预期可以提高碳复合耐火材料的抗热震性能。在碳复合耐火材料中，在碳含量高的情况下，通常由于其骨料颗粒的 E 模数比基质高，结果则导致在基质内产生内应力和应变，而且较大应力作用在骨料颗粒和基质之间的界面上。当最大应力 σ_{max} 比骨料颗粒和基质间的黏结强度 σ_{pm} 高吋，那基质将会离开骨料颗粒，形成壳状气孔。如果骨料颗粒尺寸变小（颗粒间距变得较小），结果就会导致 v_{max} 增大。当 σ_{max} 值增大到大于 σ_{pm} 时，就会导致微裂纹产生，后者引起的表面积亦随之增加，由于较大的表面积可使 K_R 值增大，由此即可提高材料的非线形性状。

图 3-32~图 3-34 示出石墨含量（质量分数）为 15%~35% 的 $ZrO_2 - C$ 试样的裂纹长度与 K_R 值之间的关系，试样配比及性能见表 3-12。

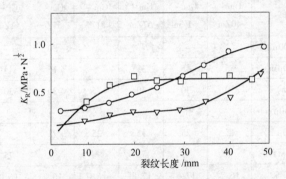

图 3-32　裂纹长度和 K_R 值之间的关系 I

□—Gm - 40Zm；　▽—Gm - 51Zm；　○—Gm - 67Zm

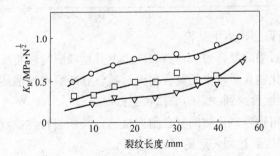

图 3-33　裂纹长度和 K_R 值之间的关系 II

○—Gm - 51Zf；　▽—Gm - 51Zm；　□—Gm - 51Zc

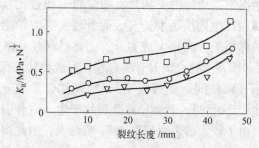

图 3 – 34　裂纹长度和 K_R 值之间的关系Ⅲ

□—Gm51Zm；▽—Gm – 51Zm；○—Gm51Zm

表 3 – 12　试样配比和性能　　　（质量分数，%）

试　样	Gm – 40Zm	Gm – 51Zm	Gm – 67Zm	Gm – 51Zf	Gm – 51Zc	Gf – 51Zm	Gc – 51Zm
ZG(500/1000μm)					30		
Zm(250/20μm)	55	45	35		15	45	45
Zf(45μm)	30	30	30	75	30	30	30
Gc(1000/100μm)							25
Gm(250/20μm)	15	25	35	25	25		
Gf(100μm)						25	17.0
显气孔率/%	16.7	17.5	17.8	16.0	16.2	16.0	4.59
常温抗折强度/MPa	4.28	4.4	3.93	5.83	4.89	8.13	4.81
E 模数/GPa	6.14	5.28	5.04	5.74	3.27	8.52	

由此可以得出以下结论：

1）含石墨的复合耐火材料表现出上升型断裂特性曲线；

2）氧化物含量较少的复合耐火材料，其断裂特性曲线在裂纹扩展到某一程度后达到一定的平稳状态；

3）含粗颗粒氧化物的复合耐火材料，其断裂特性曲线在裂纹扩展到某一程度后达到一定的平稳状态；

4）氧化物含量较高的复合耐火材料，其 K_R 值高（ R 曲线为上升型）；

5) 含细颗粒氧化物的复合耐火材料，其 K_R 值高（R 曲线为不断上升型）；

6) 含细颗粒石墨的复合耐火材料，其 K_R 值高（R 曲线为不断上升型）。

以上这些结果是设计含碳（碳含量相对较高）复合耐火材料配方的重要依据。

（2）通过向耐火材料中加入或生成线膨胀系数小的物相以制造微裂纹，从而提高其非线形性状。

前面已讨论过向 $MgO-Cr_2O_3$ 砖中添加少量低膨胀材料提高抗热震性能，就是采用线膨胀系数小的物相以制造微裂纹最典型的例子。

耐火材料在产生裂纹时，由于裂纹的扩展会顺着断裂面产生微裂纹，由此所产生的压缩性残余应力可使裂纹边缘附近的应力降低。例如，前文关于在 $MgO-Cr_2O_3$ 砖中添加少量低膨胀材料而使基质部分的膨胀率降低，从而导致其整体热膨胀失配，结果便使该材料在烧成过程中产生了微裂纹，随之便在裂纹附近的粗颗粒周围产生了空隙（这可由显微照片中观察到粗颗粒周围形成壳状气孔来证明）。正是由于这种壳状气孔的形成，在粗颗粒和基质之间产生了上面所述的残余应力而导致 K_R^2/E 值增大，结果便抑制了裂纹的扩展。

然而，正如图 3-23 所示，当添加过多（例如 5%）低膨胀材料的 $MgO-Cr_2O_3$ 砖，由于在烧成后就已存在过多的裂纹，这便引起了显微结构中的应力场之间的相互作用而形成了较大裂纹以及裂纹的连接（聚合），从而降低了刚性，结果则导致该 $MgO-Cr_2O_3$ 砖抗折强度和 K_R 值的降低。这说明，在采用添加低膨胀材料以增加热配合失衡而形成大量的微裂纹来提高其抗热震性能时，只有控制添加材料的数量在最佳水平上，以保证材料的韧性和强度达到最佳平衡，才能避免微裂纹的聚合最小。

（3）耐火材料中加入或形成某种物相（例如四方 ZrO_2 等）使之能在裂纹尖端产生相变，造成吸能机制。

因为在多相耐火材料中各相的热配合不当足以制造一个适宜的破坏系统，而使耐火材料中出现复杂的非线形断裂结构。例如，以部分稳定的 $ZrO_2(c-ZrO_2+m-ZrO_2)$ 为原料生产 ZrO_2 耐火材料就是这种方法的典型例子。正如图 3 - 35 所示，随着 m - ZrO$_2$ (25 ~ 1500℃，$\alpha = 9.4 \times 10^{-6}$℃$^{-1}$) /c - ZrO$_2$ (70 ~ 1000℃，$\alpha = 7.7 \times 10^{-6}$℃$^{-1}$) 比例的提高，其抗热震性能首先快速提高，达到最大值之后又明显降低，抗热震性能最高时的 m - ZrO$_2$/c - ZrO$_2$ = 30/70。这显然是由显微结构中形成微裂纹所致。检测结果还表明，当 ZrO$_2$ 制品中 m - ZrO$_2$ 含量增加时，其强度有所下降，透气性则提高。这表明材料在加热和冷却过程中由于 ZrO$_2$ 相转化形成的微裂纹密度增加，颗粒间接触减少了。当温度急变时微裂纹可以缓冲颗粒的膨胀和抑制裂纹的扩展。同时，具有这种结构的耐火材料同比较致密而且无裂纹结构的耐火材料相比，在加热—冷却过程中强度下降也比较缓慢。同时，ZrO$_2$ 质耐火材料中 m - ZrO$_2$ 含量高虽然会导致强度下降，但同时也会使 E 模数和线膨胀系数下降得更快，因而会使材料抗热震性能显著地提高。

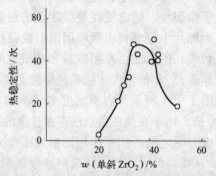

图 3 - 35   ZrO$_2$ 相组成和热震稳定性的关系

此外，还可以通过添加与主成分反应生成线膨胀系数小的物相来制造裂纹，提高耐火材料的非线形性状。这方面最有说服力的例子很多，如 MgO - Spinel（MgO）砖以及前面讨论过的 Al$_2$O$_3$ - MgO 质耐火浇注料等。图 3 - 36 和图 3 - 37 分别示出了 MgO - Spinel（MgO）材料 350℃冷却的抗弯强度和 MgO - Spinel（MgO）砖的应力 - 应变曲线。图 3 - 37 表明，MgO - Spinel（MgO）材料的拉伸面呈现非线形应力 - 应变特性曲线，在受压面程度要轻些。该现象还伴随有拉伸面大幅度残余变形。原因是 MgO 和 Spinel 两相线膨胀系数有差异，因而

MgO – Spinel（MgO）材料产生了残余应力。但是，为了获得高抗热震性，其基质中 Al_2O_3 含量（质量分数）不应超过20%，如图3 – 37所示（相当于整个材料中 Al_2O_3 含量为5% ~8%）。

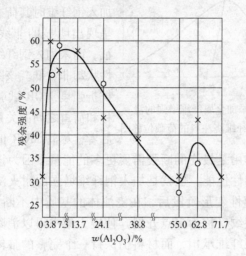

图3 – 36　经过350℃以水冷后配料的抗弯强度

〇—预合成尖晶石的配料；×—原位尖晶石的配料

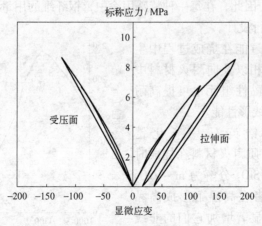

图3 – 37　镁 – 尖晶石耐火材料的标称应力 – 应变性能曲线

（4）通过添加纤维或者纤维状物相并均匀分散在耐火材料中也能提高材料的非线形性能。

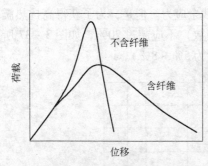

图 3－38 添加金属纤维增强的浇
注料和未添加纤维浇注料的荷载位移图

图 3－38 示出了向以矾土熟料为骨料（基质中 Al_2O_3 含量为 85%）的低水泥耐火浇注料中加入钢纤维时其荷载－位移曲线呈现出明显的非线形性状的特征，而未加入钢纤维时其非线形性状却非常低。该图还表明，在抗折强度 MOR 试验中，前者位移和荷重之间的关系完全不同于后者，尽管 MOR 值不高，但钢纤维的显著作用是最终的断裂需要更多的能量。因为该耐火材料具有很强的假塑性性能，也就是加入钢纤维增强的耐火浇注料在外力作用下进入塑性变形阶段后，在浇注体的基质中不断产生大量的、分散的微细裂纹（称为多点开裂）使应力集中得以消除，荷载主要由横贯裂纹的纤维承担，而材料仍保持一个完整的整体，并显示出较大的延伸能力（这种性状称为假延性）。应当指出，在耐火浇注料中成功应用钢纤维的最重要条件是在使用时钢纤维必须防腐（必须不被氧化）。因此，在每一种特殊用途中，钢纤维的用量和型号都必须精心地进行设计。

（5）通过能在烧成过程中生成高黏度液相以及向耐火材料中添加塑性或黏性组元也可提高耐火材料的非线形性能。

例如，锆英石－氧化锆（$m-ZrO_2$）质耐火材料在烧成时由于 $ZrO_2 \cdot SiO_2$ 分解为 $m-ZrO_2 + SiO_2$，后者在高温下形成高黏度液相，可显著增加它们的非线形性能。由于配入了 $m-ZrO_2$，结果则增加了材料的高温韧性（图 3－39），而且也给这类耐火

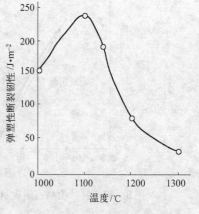

图 3－39 弹塑性断裂韧性
随温度的变化

材料带来了良好的高温性能。

3.6 耐火材料的蠕变断裂

耐火材料另一种非线形断裂是在高温条件下塑性变形时所遇到的蠕变破坏，下面将就此进行分析和讨论。

3.6.1 蠕变及蠕变动力学

耐火材料高温蠕变是同其使用寿命密切相关的重要性能。耐火材料的蠕变是其在整体性未破坏的情况下发生的非可逆变形过程（塑性变形过程），这种过程是在低于屈服点的长时间应力作用下发生和以相当小的速度进行的。

耐火材料在固定的温度和负荷下的典型蠕变曲线形状如图 3 - 40 所示。图中表明，在瞬间变形后（线段 0 - 1）变形值突然增加，而后变形速度减慢（线段 1 - 2）。这个开始阶段称为不稳定（过渡）的蠕变。然后，变形速度接近稳定并开始第二阶段——稳定（固定）的蠕变阶段（线段 2 - 3）。达到很大变形后，变形速度会再次增加，进入快速蠕变阶段的第三阶段，这个阶段以试样破坏而结束（线段 3 - 4）。

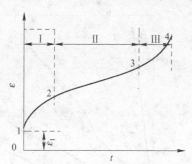

图 3 - 40 蠕变的理想曲线

Ⅰ—1 次蠕变；Ⅱ—恒速蠕变；Ⅲ—3 次蠕变

温度和应力两者都会影响恒定蠕变曲线的形状。当温度升高时，变形开始加快，稳定阶段的时间缩短。相应曲线形状产生变化，并伴有应力增加的现象。

蠕变曲线的形状（图 3 - 40）随着具体的试验条件和被测试样

的材质不同而各不相同。原因是物料中产生复杂的变化。甚至有时在试验开始时还观察到无形变的潜伏期的情况。

在高温下实际只观察到固定蠕变，此时产生的变形动力学是直线关系。图 3－41 示出温度变化时致密刚玉陶瓷材料的蠕变曲线是这种情况的典型代表，图中表明变形单调地随时间的延长而增加。

在比较低的试验温度下，多相的和多孔试样的变形是不均匀的，如图 3－42 所示的硅酸铝质耐火材料的蠕变曲线就是这种情况的重要例子。在这种情况下，过程中所有结构单元会同时参

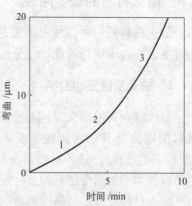

图 3－41　温度变化时致密烧结刚玉陶瓷材料的蠕变曲线（负荷为 0.7MPa）
1—1700℃；2—1750℃；3—1800℃

与，并将导致蠕变曲线出现停顿、跳跃、弯曲。在这些试验中有时（但不多）可观察到很短的潜伏期（即约 0.5～1.0h）。而在其他颗

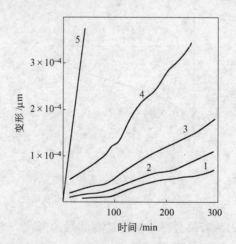

图 3－42　硅酸铝质耐火材料的蠕变曲线
1～3—1165℃，0.4MPa，0.5MPa，0.6MPa；
4，5—1200℃，1250℃，0.4MPa

粒结构的多孔耐火材料试验时，曲线含有衰减走势，如图 3-43 所示的刚玉质耐火材料的蠕变曲线就是如此。

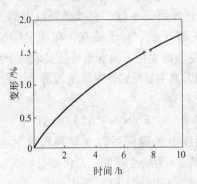

图 3-43 刚玉耐火材料在压缩时
(2.0MPa，1500℃) 的蠕变曲线

在一定的应力状态下，耐火材料的蠕变条件有温度、负荷、变形程度和气氛介质。在研究温度和负荷作用时，主要是想在每一种负荷程度下（在规定的温度时）获得相同的（在 20~25μm）变形。因为在这些条件下便可认为试样的结构变化程度（变形程度）在每个试验中都是相同的。为此，蠕变试验主要是在相对较低的应力和高的温度下进行的。

在规定的应力 σ、温度 T、时间 t 和结构因素 S 下，耐火材料的蠕变率 ε 可写成最基本的式子：

$$\varepsilon = f(T,\sigma,S,t)\exp[-Q(T,\sigma,S)/RT] \qquad (3-85)$$

对应的变形速度 $(\mathrm{d}\varepsilon/\mathrm{d}t=\acute{\varepsilon})$ 也可以写成最基本的式子：

$$\acute{\varepsilon} = f'(T,\sigma,S)\exp[-Q(T,\sigma,S)/RT] \qquad (3-86)$$

因为试验研究已经确定蠕变是有活化能 Q 的热化过程。如果将材料在蠕变过程中的变形速度 $\acute{\varepsilon}$ 用半经验的方程式表示，则 $\acute{\varepsilon}$ 可以写成：

$$\acute{\varepsilon} = Sf(\sigma)\exp(-Q/RT) \qquad (3-87)$$

式中，$f(\sigma)$ 是变形速度与应力关系的函数。

由于观察到在高温试验时，活化能 Q 实际上对蠕变过程中的应力和结构变化并不敏感，因而可变因素对瞬间变形速度的影响可用

下式表示:

$$\dot{\varepsilon}\exp(Q/RT) = Sf(\sigma) = Z \qquad (3-88)$$

式中，Z 为捷列尔 – 霍洛曼参数，它考虑到温度的关系，温度关系是不同于函数关系 S 和 σ 的。对于蠕变，在规定的应力和温度条件下 $\dot{\varepsilon}\exp(Q/RT)$ 依变形而变化，而变形特征又取决于结构因素的变化。

结构函数 S 的影响主要反映在黏滞系数 η 上，根据 H. B. Соиомцна 公式，η 等于:

$$\eta = pt(L - \Delta L)/3A\Delta L \qquad (3-89)$$

式中，η 为蠕变温度下的黏滞系数（某种程度上可反映蠕变与负荷的关系）；p 为负荷；t 为蠕变时间；L 和 A 分别为试样的原始长度和横截面积；ΔL 为试样在时间 t 内的变化长度。

试验研究结果表明：耐火材料蠕变的发生在极大的限度上取决于其组织结构，如图 3 – 44 所示。该图表明除了组成的影响之外

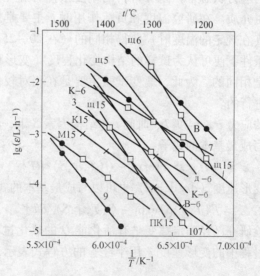

图 3 – 44   0.5MPa 时硅酸铝耐火材料的蠕变

ПК15，Щ15，К15，М15—分别表示由试验室制造的半硅质（石英高岭土质）、黏土质、黏土高岭土质及莫来石质耐火材料；ш – 6，д – 6，К – 6，

В – 6—分别表示黏土质大砖、高炉大砖、高岭土大砖及高铝大砖；

3，9，7，В—表示由粗颗粒料制造的耐火材料

（对于 $SiO_2 - Al_2O_3$ 耐火材料而言，主要是 Al_2O_3 含量的影响，因为 Al_2O_3 含量决定 $SiO_2 - Al_2O_3$ 系中液相线的温度），发生蠕变时起决定性作用的性能是其组织结构。随着组织结构的变化，其变形曲线的形状与温度和负荷函数的关系也将发生变化。

耐火材料结构的变化对其蠕变的影响的另外的例子是莫来石质耐火材料的蠕变，如图 3-45 所示。尽管莫来石的熔点不太高，但高温下的蠕变并不大。然而，随着原料中 SiO_2 组分（黏土）带入的杂质却能显著降低其形变的稳定性。这与在高温下液相夹层的形成有关，因为随着杂质含量的提高，液相含量也随之增加。工业耐火材料由于存在气孔，所以其变形速度还会更高。

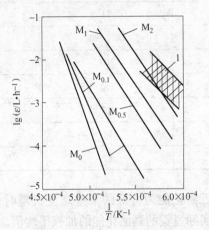

图 3-45 莫来石质耐火材料的蠕变

1—莫来石质耐火材料的蠕变

（M_0、$M_{0.1}$、$M_{0.5}$、M_1 分别代表莫来石耐火材料的

杂质含量为 0，0.1%，0.5%，1%）

不过，现在还不能用定量的方法来确定组织结构对耐火材料蠕变性能的影响。在某些情况下，例如以天然原料生产的耐火材料还几乎不可能用定量的方法来确定其组织结构对蠕变性能的影响。

耐火材料蠕变是一个复杂的物理过程，它与活化能 Q 有关。通常，黏土耐火制品在 1250～1510℃，其活化能 $Q = 418kJ/mol$；在高铝耐火制品中，60% Al_2O_3 材料的蠕变显活化能 $Q = 326.04kJ/mol$，70%

Al_2O_3 材料的蠕变显活化能 $Q_1 = 627kJ/mol$, $Q_2 = 342kJ/mol$, 而 80% Al_2O_3 材料的蠕变显活化能 $Q_1 = 762kJ/mol$, $Q_2 = 100kJ/mol$, 这表明 ω (Al_2O_3) $\geq 70\%$ 的高铝砖随温度的变化有不同的机械蠕变。

在一定的温度下，MgO、Al_2O_3 和 ZrO_2 的蠕变是一个塑性位移过程。其蠕变曲线酷似图 3 – 40。MgO 及其含添加物的 MgO 质耐火材料的蠕变显活化能可见表 3 – 13。

表 3 – 13   MgO 和含添加物的 MgO 显活化能 （kcal/mol）

试　样	弯曲蠕变	压缩蠕变
MgO	133	32
1% Al_2O_3	94	–
0.2% B_2O_3	60 180	
3% CaO	109	88
3% Cr_2O_3	152	91
1% Fe_2O_3	107	
0.2% Li_2O	91	90
2% SiO_2	82	–

当存在以接近活化能为特征的某些蠕变机理时，试验确定的 Q 值本身就是所有实际过程的真活化能的加权平均值。

在高温下，蠕变的变形速度由下列半经验方程式表示：

$$\acute{\varepsilon} = S' \exp(-Q/RT) \exp(\beta, \sigma) \quad （高应力时） \quad (3-90)$$

$$\acute{\varepsilon} = S'' \exp(-Q/RT) \sigma^n \exp(\beta, \sigma) （低应力时） \quad (3-91)$$

式中，S' 和 S'' 表示结构的作用；β 和 n 为规定材料和试验条件下的常数。

粒状多孔耐火材料在恒温恒负荷（恒压）条件下的蠕变速度等于：

$$\acute{\varepsilon} = S\sigma^n \exp(-Q/RT) = \Delta L/(Lt) \quad (3-92)$$

式中，ΔL 是在时间 t 内试样的线变化；L 是试样开始的长度；n 为程度指数。

在恒压时：

$$\dot{\varepsilon} = A'\exp(-Q/RT) \tag{3-93}$$

在恒温时：

$$\dot{\varepsilon} = B\sigma^n \tag{3-94}$$

式中，A'、B 为常数。活化能 Q 由下式计算：

$$Q = 4.575(\log\dot{\varepsilon}_{T_1}\log\dot{\varepsilon}_{T_2})/(T_1^{-1} - T_2^{-1}) \tag{3-95}$$

式中，$\dot{\varepsilon}_{T_1}$、$\dot{\varepsilon}_{T_2}$ 是试样在温度 T_1、T_2 时的蠕变速度。

然而，像氧化物如 MgO、Al_2O_3 和 ZrO_2 等一些材料的恒压蠕变明显受到晶粒成长的影响，所以应考虑晶粒成长对蠕变速度的影响。由于这类材料的蠕变在一定的温度下是黏性的，如果结晶体所产生的蠕变速度取决于荷重和平均粒径 d，那么蠕变速度 $\dot{\varepsilon}$ 可由下式求出：

$$\dot{\varepsilon} = k_1\sigma^L d^{-n} \tag{3-96}$$

式中，L、n 和 k_1 为常数。但是，在一定的温度下 d 随时间 t 存在如下关系：

$$d^m - d_0^m = k_2 t \tag{3-97}$$

式中，d_0 为初期多晶体粒径；k_2 和 m 为常数。

由式 3-96 和式 3-97 可导出加上粒径增大的蠕变速度为：

$$\dot{\varepsilon} = k_1\sigma^L(k_2 t + d_0^{-m})^{-n/m} \tag{3-98}$$

将上式微分可得：

$$-m/n(\dot{\varepsilon}/k_1\sigma^L)^{-(m-n)/n} \cdot [1/(k_1\sigma^L)]\ddot{\varepsilon} = k_2 \tag{3-99}$$

因此，m/n 可从连接对数 $1/\varepsilon'$ 和 ε' 的直线倾斜度求出。另外，式 3-99 对时间 t 微分可得：

$$\mathrm{d}d/\mathrm{d}t = (k_2/m)d^{(1-m)} \tag{3-100}$$

因而可从 $\mathrm{d}d/\mathrm{d}t$ 的对数图表的直线倾斜度求出 $(1-m)$，将其代入 m/n 中得出 n 值。于是用式 3-97 求出 k_2，或者从 $\dot{\varepsilon}$ 和 σ 的对数图表的直线倾斜度求出，K_1 可从这些测定和式 3-96 求出，常数全部是已知的，因此，式 3-98 则是确定的。

3.6.2 耐火材料的蠕变

多孔粒状氧化物系耐火材料的蠕变，是在恒压条件下不均衡的变形过程。该过程主要取决于材料中液相的含量、液相的黏滞性以及固相的熔化和分布特征。因此，蠕变速度取决于温度和压力（应力）：

$$\dot{\varepsilon} = Sp^n \exp(-Q/RT) \qquad (3-101)$$

式中，p 为压力（应力）；n 为程度指数。

大多数氧化物系耐火材料在一定的温度条件下都存在着液相，它是决定材料形变性状的重要因素。液相对蠕变的影响决定其润湿程度。

不均匀性氧化物系耐火材料的黏滞系数 η 与材料中固相和液相的比例存在以下关系：

$$\eta = K\eta_l V_s / V_l \qquad (3-102)$$

式中，K 为结构系数；V_s、V_l 分别为材料中固相和液相的体积；η_l 为液相的黏度。

$K \sim S$ 尽管如此，但 S 不能完全代表 K，因为蠕变是不均匀的，而 S 是表示均匀的。由此可粗略地得到 S 为：

$$S \sim K = (\eta/\eta_l)(V_l/V_s) \qquad (3-103)$$

同时，在含有一定数量液相的耐火材料中，其固相和液相接触的关系取决于固相界面与液相界面相交叉位置的表面张力的几何学平衡关系。当液相完全侵入到颗粒界面时，固 – 固界面的表面张力相当于固 – 液界面的界面张力的两倍或两倍以上，即 $\gamma_{ss} \geqslant 2\gamma_{sl}$；而当 $\gamma_{ss} \leqslant 2\gamma_{sl}$ 时，液相没有完全侵入到颗粒界面形成最弱结构；当 $\gamma_{ss} = 2\gamma_{sl} \cos(\Phi/2)$，处于平衡状态。此处 Φ 为横切固相 – 液相界面的二面角，简称二面角。

液相润湿固相并不取决于液相数量，而只取决于液相组成和特性。例如在镁质耐火材料中，由于除了 MgO 外还有少量的硅酸盐或杂质存在，在以固相 MgO 和方镁石饱和的液相组成的系统中，二面角不取决于液相数量，几乎是一定的（$\Phi = 25°$）。当调整 CaO/SiO_2 比之后，随着 CaO/SiO_2 比值增加，二面角则随之增大，如图 3 – 46 所示。然而，当只有方镁石和液相共存时，其固 – 固接触的程度是很低的。但是，当 CaO/SiO_2 比增加到 2 以上时，由于有第二固相——$2CaO \cdot SiO_2$ 生成，所以其固 – 固接触的程度却是很高的。因为 $2CaO \cdot SiO_2$ 能渗透进入方镁石晶粒之间，把方镁石晶粒表面上的液相排挤出来。

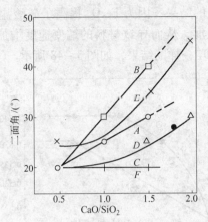

图 3-46 CaO/SiO₂ 对方镁石颗粒间二面角的影响

A—没加入；B—加入 5% Cr₂O₃；C—加入 5% Fe₂O₃；D—加入 1% Al₂O₃；

E—加入 1% Al₂O₃，17% Cr₂O₃；F—加入 5% Al₂O₃

调查结果表明：在 MgO - 液相系统中添加外加成分有可能使二面角发生改变，如图 3 - 47 所示。该图表明，添加 Cr₂O₃ 会使二面角增大，因为 Cr₂O₃ 降低了硅酸盐对方镁石晶体的润湿，促进了方镁石直接结合的形成，从而提高了抵抗形变的能力。但是，添加 Fe₂O₃

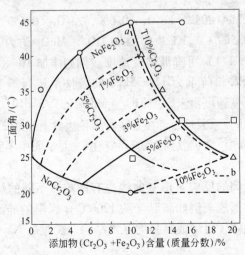

图 3-47 加入 Cr₂O₃ 及 Fe₂O₃ 对方镁石颗粒间二面角的影响

时却会导致相反的结果。因为 Fe_2O_3 提高了硅酸盐对方镁石晶体的润湿，降低了强度，从而导致材料的蠕变速度增加。添加 Al_2O_3 时也会产生同 Fe_2O_3 一样的结果，如图 3 – 48 所示。

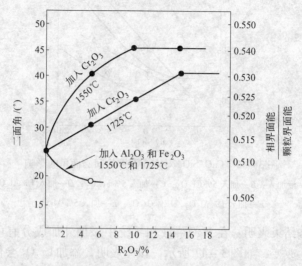

图 3 – 48 加入 Al_2O_3、Cr_2O_3、Fe_2O_3 及烧成
温度对方镁石颗粒间二面角的影响

向镁砖（MgO 90%，Fe_2O_3 <0.6%，Al_2O_3 <0.6%，CaO 0.9% ~ 1.3%，SiO_2 0.5% ~ 3.3%）中添加 TiO_2 + MnO_2 约为0.5% ~ 5.0%（TiO_2/ MnO_2 =1∶1）可降低蠕变速度。例如添加 3%（TiO_2 + MnO_2）的镁砖在 1200℃ 和荷重为 172.35kPa 的条件下进行蠕变试验，经过 300h 测得的蠕变速度由未添加 TiO_2 + MnO_2 的 2.5×10^{-5} in[❶]/h 下降到 1.16×10^{-5} in/h，原因是后者在方镁石晶粒边界上生成 2MgO · TiO_2 和 CaO · TiO_2，MnO_2 则扩散到方镁石晶粒中，而基质中不存在硅酸盐连续相。

不同相之间的反应对形变曲线也有影响。不同的烧成温变也会导致不同相的形成。例如高温（约1200℃）保温的硅酸盐会形成细长的莫来石晶体，可形成高强的互锁结构。少量的 Na_2O（质量分数

❶ 1in =25.4mm。

约为 0.5%）会增加莫来石形成速度，结果则导致较高的抗蠕变强度。SiO_2 - Al_2O_3 耐火材料的蠕变速度在 1300℃ 时随 Al_2O_3 含量的提高而下降。因为在较高的温度下，消耗 SiO_2 和 Al_2O_3 而形成莫来石使抵抗形变的性能发生了改变。

对于高铝耐火材料来说，晶界滑移可能对其蠕变起到重要作用。而 95% MgO 耐火材料的位错塑性流动则是导致蠕变的重要机理。

3.6.3 耐火材料蠕变断裂机理

耐火材料的蠕变断裂是它们的一种非线形断裂损坏形式，它是在高温下因变形而导致材料损坏。纯氧化物耐火材料在高温条件下产生变形主要是晶界滑移的结果。对于小的形变来说，晶界滑移速度正比于剪切应力；而对于较大的形变来说，由于晶界是不平整的，其几何不整合性将导致邻近晶粒间咬合。当晶界发生迁移以调整这种不规则性时，晶界滑移速率将会降低。于是，在晶界区域形成高的张应力，从而导致裂纹及气孔成核。当拉伸继续下去时，小气孔将会扩大。在多晶材料中，该过程是一种体积扩散过程。在具有黏性晶界相中，气孔长大的机理可能是晶界相中的黏滞流动。

气孔长大的后果会导致横截面上的固相面积减小，单位面积的应力增大，随之则会产生断裂直到毁坏。

多孔粒状耐火材料在高温使用中的蠕变断裂形式如图 3 - 49 所示，它是取自平炉顶上应用的镁铝残砖的磨光照片的实际例子。图中表明气孔在自身重量作用下从冷端到热端逐渐增大的情况（图 3 - 49a 以及热端放大照片图 3 - 49c），在继续经受自身重量作用时便产生与工作面几乎平行的断裂（裂隙），如图 3 - 49b 所示。

含有液相的耐火材料的蠕变断裂，通常是扩散作用的结果。因此，耐火材料的蠕变断裂现象随着温度不同会产生差异，图 3 - 50 示出了这种情况。该图是含 0.2% B_2O_3 的镁质耐火材料的蠕变断裂之前，蠕变速度随温度变化的关系。图中示出在高于 1500℃ 时曲线倾斜度发生了变化，表明在该温度时液相开始急剧形成的事实。由于蠕变断裂是扩散的结果，因而不能测到确切的蠕变强度，但随着应力和温度的提高，断裂所需要的时间会缩短。这种情况表明获得实

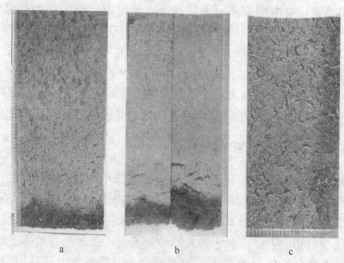

图 3 – 49 镁铝炉顶砖在过热条件下
使用后发生形变的显微照片

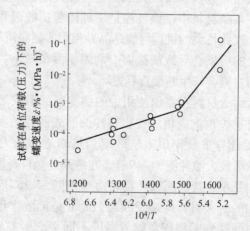

图 3 – 50 蠕变速度与温度的关系

（0.2% B_2O_3，粒径为 30 μm）

验数据的最好方法是蠕变 - 断裂曲线。如果用断裂前的时间对数对
作用应力作图，可得一直线，该直线可恰当地表示耐火材料的蠕
变 - 断裂过程在发生范围内的数据。图 3 – 49 示出的是过热导致镁

铝砖高温蠕变断裂路径的实例。

在实验中，通常采用下式作为评价材料在断裂前蠕变程度的方法：

$$\dot{\varepsilon} = \Delta L/(L_0 t) \qquad (3-104)$$

式中，ΔL 是在时间 $t(h)$ 中试样的线变化；L 是试样开始的长度。

通常，耐火材料的蠕变速度是在恒温恒负荷（恒压）的条件下进行实验测定的。因此，$\dot{\varepsilon}$ 值是试样恒温恒负荷（恒压）下的蠕变速度。

3.7 耐火材料热疲劳及其对蚀损的影响

一般认为耐火材料的剥落损毁可分为：单纯由热应力引起的剥落（简称热剥落）和熔渣渗透导致组织劣化与热应力复合所产生的结构剥落（简称结构剥落），如图 3-51 所示。

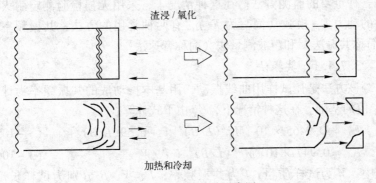

图 3-51 剥落掉片示意图

作为热剥落的评价方法，主要应用能使耐火材料产生较大温差的电炉法和使用高频炉浸渍法等。然而，由观察结果却发现多数情况是：在实际窑炉的使用中，承受像实验室那样大的温度差的例子很少，而由于温度差较小、同时经过长期反复加热 - 冷却的热疲劳使组织劣化，以至于破坏的情况却不少见。也就是说，在使用耐火材料的窑炉中，温度经常保持一定的例子是很少见的，而温度经常变动的场合却是很多的。这就是说，以往的高温剥落评价方法是不可能再现实际窑炉条件的方法。另外，虽然曾经对 $MgO - Cr_2O_3$ 砖和低水泥耐火浇注料等也进行过热疲劳评价，但通常采用试样经一定次数循环后热震损坏是在常温下测定的，这就意味着试样经过低温范围的冷却，材料已出现了典型的脆性断裂（在低温时可看到破坏部分）。可见，它也难以完全反映出窑炉内衬耐火材料高温热循环的实际机械损坏的情况。因此，这就需要利用类似在试验温度时，在所选择的温度热循环期间监测实际使用中耐火材料逐步损坏的情况。

可以用几种物理性能来监测使用材料的热机械损坏。其中，E模数是一个较为理想的参数。在这种情况下，材料E模数可用动态无损检验方法进行测定。对于耐火材料而言，这是一个测定E模数和机械强度之间关系的一个比较简单的方法。

3.7.1 理论基础

E模数的测定用于监测耐火材料经过热循环后显微结构的破坏，是一种重要的监测方法。在这种情况下，采用无损检验测定耐火材料的动力E_{adi}模数（简写为E_A），有两种常用的方法：共振频率法（简称共振法）和声波测量法（简称音速法）。

3.7.1.1 共振法

该方法是让试样用曲线振动，用基本振动法的共振频率为计算E_A值的基础。在这种情况下，E_A由下式计算：

$$E_A = 0.9465 \times 10^{-6} Mf^2 (L/B)^3 [1 + 6.59(L/B)^2]/w \quad (3-105)$$

$$E_A = 0.947 \times 10^{-6} Mf^2 (L/B)^3 + T_c/W \quad (3-106)$$

式中，M为试样质量；f为共振频率；L、W、B分别为试样长度、宽度、厚度；T_c为决定泊松比μ和试样形状的修正系数，其值由下式计算：

$$T_c = 1 + a(r/L)^2 - b(r/L)^4 / [1 + c(r/L)^2] - 125(r/L)^4 \quad (3-107)$$

式中，常数a、b、c取决于泊松比，Piokett给出了表3-14的数值。耐火材料的泊松比可取$\mu = 1/6$，则$a = 81.79$，$b = 1314$，$c = 81.09$，r/L是断面的旋转半径与长度之比，由下面公式给出：

棱柱形：$\quad\quad\quad r/L = (3/5)^{1/2} h/L \quad\quad\quad (3-108)$

圆柱形：$\quad\quad\quad r/L = d/(4L) \quad\quad\quad (3-109)$

式中，h和d分别为棱柱形试样棱边长和圆柱形试样的直径。

表 3 – 14 a，b，c 常数与泊松比 μ 的关系

泊松比 μ	a	b	c
0	79.02	1201	76.06
1/6	81.79	1314	81.09
1/3	88.12	1572	92.61

如果取 $\mu = 1/6$，则对于旋转半径为 $0.289B$ 的棱柱形试样，式 3 – 107 即为：

$$T_c = 1 + 81.79(0.289B/L)^2 - 1314(0.289B/L)/$$
$$[1 + (0.289B/L)^2] - 125(0.289B/L)^4 \qquad (3 - 110)$$

对于同一耐火材料来说，采用该法时 E_A 的变化是简单的：

$$E_{A1}/E_{A2} = (f_1/f_2)^2 \qquad (3 - 111)$$

这说明共振频率是测定耐火材料 E_D 值的相对变化的唯一参数。如果耐火材料在室温时的弹性模量为 E，则 E_{At} 可用下式计算：

$$E_{At} = (f_t/f_0)^2 E \qquad (3 - 112)$$

式中，f_0 为耐火材料在室温时的共振频率。

3.3.1.2 音速法

声波测定法（简称音速法）也是无损检验的重要方法，它对发现耐火材料的缺陷或破损以及定量评价耐火材料的破坏情况具有极大的潜力，而且还具有在现场容易使用的优点。

采用音速法测定耐火材料 E_A 值时，则由下式计算：

$$E_A = u_L^2 \rho [(1 + \mu)(1 - 2\mu)/(1 - \mu)] \qquad (3 - 113)$$

式中，u_L 为超声波速度；ρ 为被测试样的密度。取 $\mu = 1/6$，那么由式 3 – 113 计算多种耐火材料的 E_A 值与同超声波共振技术测定的结果极为相近。

已经确定耐火材料的耐压强度 σ 与超声波速度 u_L 存在如下关系：

$$\sigma = \sigma_0 (u_L/u_0)^n \qquad (3 - 114)$$

式中，σ_0 为耐火材料热震前的耐压强度；n 为常数。将式 3 – 114 和式 3 – 113 合并即可得到：

$$\sigma = \sigma_0 (E_{At}\rho_0 / E_{A0}\rho)^{n/2} \qquad (3-115)$$

式中，E_{A0}、ρ_0 分别是耐火材料热震前的 E 模数和密度。如果假定 $\rho_0/\rho \approx 1$，则式 3－115 变为：

$$\sigma = \sigma_0 (E_{At} / E_{D0})^{n/2} \qquad (3-116)$$

3.7.2 耐火材料 E 模数与温度的关系

众所周知，耐火材料的 E 模数是温度的函数。图 3－52 示出了一种高铝砖 E_A 与温度的关系（其性能为 Al_2O_3 72%、SiO_2 23%，体积密度为 2.75g/cm³，显气孔率为 19%～21%，$CCf = 50～60MPa$）。表 3－15 列出了试验试样的有关数据，试验采用 100℃/h 的速度从室温加热到 1300℃，然后冷却。在加热－冷却时，大约每隔 100℃ 测定一次共振频率，并由式 3－111 算出 E_{At}/E_{A0}（E_{At}、E_{A0} 分别为试验前和高温试验时的试样 E 模数），再以 E_{At}/E_{A0} 对温度 t 作图得图 3－52。图中表明，E_{At}/E_{A0} 值随温度上升而增加，大约当温度上升到约 1200℃ 时达到最大值。从 1300℃ 冷却到 1100℃ 时，E_{At}/E_{A0} 值增加很快，然后随温度下降而降低。当温度由 1100℃ 下降到 200℃ 时，试样 E 模数都比加热时高，但冷却到常温后，试样 E 模数反而比加热前低了。

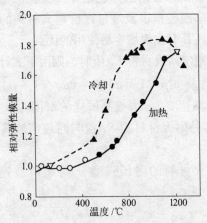

图 3－52 试样以 100℃/h 速率加热和冷却时，
弹性模量 E_T/E_0 和温度的相对变化

表 3 - 15　试验材料试样的有关数据

试样分类	化学成分（质量分数）/%		尺寸/cm			体积密度/g·cm⁻³	显气孔率/%	高温耐压强度/MPa
	Al_2O_3	SiO_2	长	宽	高			
A	60 ~ 81	37 ~ 38	21.3	9 ~ 11	7.5	2.55	10 ~ 15	60 ~ 100
B	72	23	22.5	11.5	6.5	2.75	19 ~ 21	50 ~ 60
C	80	13	25	12.4	6.5	2.75	18 ~ 22	50 ~ 70
D	57	3	21.3	9 ~ 11	7.5	2.4 ~ 2.5	14 ~ 18	20 ~ 40

　　高铝砖 E 模数随温度变化的这一特性可由加热后再冷却时所产生的热应力而导致在原来高铝砖中产生了微小裂纹这一事实来解释。已有的研究结果指出，耐火材料 E 模数随温度变化是其结构随温度发生变化的必然结果。

　　加热时由于微裂纹密闭，E 模数增大。在高温下，玻璃相黏度降低，由于塑性变形，降低了热应力，结果使在高于1200℃之后的 E 模数降低了。冷却开始以后，由于玻璃相黏度增加而引起材料 E 模数增大，结果则导致材料内的微裂纹减少了。大约在 1000℃ 时，由于不同物相具有不同的热膨胀所导致的不同机械强度，并再次导致材料内微裂纹的产生，E 模数则随温度下降而急剧降低。在大约600℃时，由显微照片观察到大范围内形成了微裂纹，使微裂纹数量达到了极大值就是有说服力的证据。

3.7.3　一次急冷热震与热疲劳

　　通过众多观察发现，高温窑炉以及高温反应器中的耐火砌体，在受到周期性温度作用的条件下发生损毁的主要原因是裂纹数量增多和裂纹尺寸增大。裂纹产生的主要原因是冷 - 热交替的频率和温度差的大小。在通常的条件下，如果冷 - 热交替的频率取决于窑炉的作业制度，并且砌体不同区域都一样的话，那么温度的高低也有可能不同，这就会导致在损毁速度方面出现极大差异，所以必须确定产生裂纹危险性最大的结构和区域。

　　如果在表面（ΔS）裂纹出现的强烈程度为 ω_T，其对应长度和宽度方向出现的表面裂纹的强度分别为 T_L 及 T_B，有人提出用以下三式描述这些裂纹的强度：

$$\omega_T = \Delta n / (n_0 \Delta t \Delta S) \qquad (3-117)$$

$$T_L = \sum L_T / \Delta S \qquad (3-118)$$

$$T_B = \sum L_B / \Delta S \qquad (3-119)$$

式中，Δn 等于在 Δt 时间内出现的裂纹数量；n_0 为烘炉后出现的裂纹数量；$\sum L_T$ 及 $\sum L_B$ 分别为水平裂纹和垂直裂纹的总长度。

由式 3-117～式 3-119 可得出：

$$\omega_T = \left[\Delta n / (T_L + T_B) \right] / \left[n_0 \Delta t \left(\sum L_T + \sum L_B \right) \right] \qquad (3-120)$$

或者写成：

$$\sum L_T + \sum L_B = U_T / (n_0 \Delta t) \qquad (3-121)$$

式中，$U_T = (\omega_L + \omega_B) / \omega T_0$。在这种情况下，如果被加热（或冷却）的物体的某个部分不能适应温度来改变自己的尺寸（变形）的话，那便会产生温度应力。也就是说，物体内温度分布状况不同时，便会产生温度应力以及从压缩性应力向拉伸应力转化。温度应力由式 3-1 给出，它表明，对于具体的窑炉结构体来说，主要是降低温度差和热循环频率，但这取决于窑炉的作业制度。在这种情况下，即可选用小尺寸砖型砌筑结构体，而在选择大块砖型时，可采用能形成裂纹的补偿部件。这后者是在大块砖的表面安置某种部件，以便自由实施砌体的温度变化，而且不会使应力显著增加。这样便可防止补偿部件的上顶部分出现新的裂纹和裂纹扩展。

关于耐火材料在使用中的热疲劳已作过详细的研究。荒堀忠久等人曾研究了硅砖（表 3-16）在 100～300℃ 以及 300～500℃ 两种温度段中经受热循环时组织变化的情况。他们所以选择这两种温度段是为了弄清楚经受热循环时在结晶形态转化温度（简称转化温度）条件下以及在没有结晶形态转化温度（简称非转化温度）条件下，其结构和性能的不同变化。硅砖在这两种温度段经受热循环之后，其抗折强度与热循环次数以及声速的关系分别示于图 3-53 和图 3-54 中。图 3-53 表明，在 100～300℃ 的条件下，强度随热循环次数增加连续下降。从强度曲线走向估计，经受 200 次热循环以上时，强度可能还会进一步降低。相反，300～500℃ 的条件下经受热循环时，其强度却几乎不下降。

表3-16 硅砖的化学矿物组成和物理性质

显气孔率/%		20.2
体积密度/g·cm⁻³		1.86
化学成分（质量分数）/%	SiO_2	96.6
	CaO	1.6
	Fe_2O_3	0.9
	Al_2O_3	0.7
矿物组成（质量分数）/%	鳞石英	72
	方石英	28

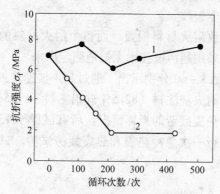

图3-53 抗折强度与循环次数的关系
1—300~500℃；2—100~300℃

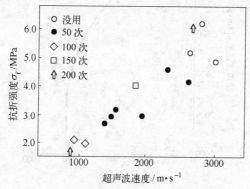

图3-54 抗折强度与超声波速度的关系

硅砖在转化温度条件下经受热循环时，强度连续下降显然是由于材料中的矿物相在该温度范围内产生了相转化。这与在高温显微镜下观察到的结果是一致的。观察发现，从破坏开始点起，首先由材料粒子之间组织薄弱部分开始出现裂纹、并产生裂纹扩展，粒子参差不齐地被损伤，直至粒子内部破坏，材料完全损坏。硅砖在转化温度范围内各热循环中，其结构劣化程度是呈直线增加的。与此相反，硅砖在非转化温度条件下，热应力的影响导致结构和性能发生变化，因热循环所产生的裂纹，初期时较多。热循环之后的声发射测定的结果表明：裂纹是在第一次热循环、在升温过程中产生的。由于初期产生的热应力而使材料组织缺陷造成的应力得到释放，其后并不会继续产生裂纹。

热循环会导致耐火材料损毁，而整个耐火材料的这种损毁的发展过程可以通过采用超声波技术无损地测定出来。

图 3-55 ~ 图 3-60 分别示出了通过超声波速度或 E 模数测定方法所测定的黏土耐火浇注料（82.5% 硅铝熟料 + 17.5% 铝酸钙水泥）一次急冷热震和热震疲劳的损坏情况。所有试样于 1300℃，烧成 2h后采用电炉法进行一次急冷热震和热震疲劳试验。试样 E 模数由式 3-113 求得。

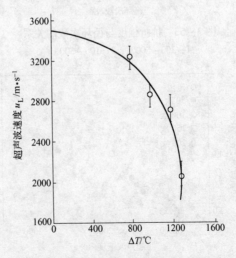

图 3-55 超声波速度与急冷温差的函数关系

由图 3-55 看出，急冷试样的超声波速度 u_L 随急冷温差 ΔT 的增加而不断下降。当 $\Delta T = 1280℃$ 时，u_L 的下降速度迅速加快，u_L 连续下降这一事实表明该耐火浇注料中的裂纹为准静态扩展。在 $\Delta T = 1280℃$ 时，u_L 大幅下降的事实表明材料内已产生了明显的热震损坏。

图 3-56 示出了 E_A 与 ΔT 的关系。图中示出在 $\Delta T = 1280℃$ 时 E_A 下降相当快（达 70%），这也证明该材料因急冷产生了明显的热震损坏。

图 3-57 示出了黏土耐火浇注料经一次急冷热震后其耐压强度 σ 与 ΔT 的关系。图中表明强度连续下降类似于 E_A 与 ΔT 的关系，同样是强度降低程度在 $\Delta T = 1280℃$ 时最大。强度这种不断下降的事实证实了超声波的测定结果，这也表明该材料内的裂纹扩展是准静态的。

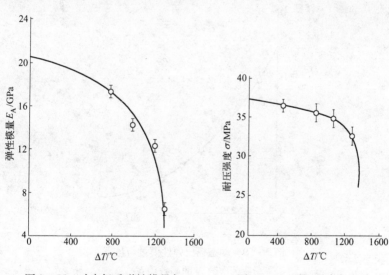

图 3-56 动态杨氏弹性模量与   图 3-57 耐压强度与急冷
　　　　急冷温差的函数关系   温差的函数关系

图 3-58 示出的是因热震疲劳损坏所造成的 u_L 下降的趋势。它表明 u_L 的降低速度随热震疲劳次数的增加而降低，在 70 次热震疲劳后 u_L 下降已不明显了。

图 3-59 示出的是热震疲劳对 E_A 值的影响，图中表明在 70 次

热震疲劳后，E_A 值已无明显变化。

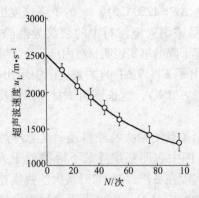

图 3 - 58　超声波速度与热震疲劳次数 N 的函数关系

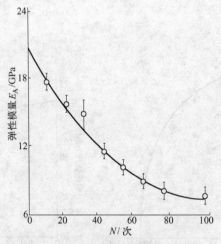

图 3 - 59　动态杨氏弹性模量与热震
疲劳次数 N 的函数关系

　　图 3 - 60 示出耐压强度 σ 与热震疲劳次数的关系。由这幅图看出，强度曲线是逐渐下降并在 70 次热震疲劳后强度已无实际变化的近似曲线，但试样在 90 次热震疲劳后仍保持 53% 的强度。

　　将式 3 - 114 取对数得：

$$\ln\sigma = \ln\sigma_0 + n\ln(u_L/u_{L0}) \qquad (3 - 122)$$

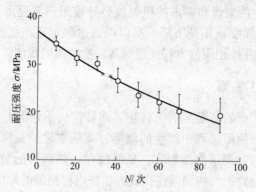

图 3-60 耐压强度与热震疲劳次数

N 的函数关系

将图 3-57 和图 3-60 中示出的 σ 值换算成 $\ln\sigma$ 值，并将对应于图 3-55 和图 3-58 中 u_L 值换算成 $\ln(u_L/u_{L0})$ 值（u_{L0} 是试样热震前的超声波速度），然后以 $\ln\sigma$ 对 $\ln(u_L/u_{L0})$ 作图可得图 3-61。图中表明两者均为线性关系。由回归分析得到 $\sigma_0 = 37.9$ 和 $n = 1.605$，可求得相关系数 $Q = 0.993$，说明方程式 3-114 计算的结果和试验数据极为一致。

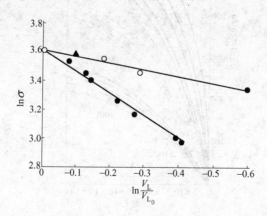

图 3-61 $\ln\sigma$ 与 $\ln V_L/V_{L0}$ 的关系

▲——次急冷；●——热震疲劳；○——未热震

通过以上讨论和图 3-56、图 3-60 可以推出以下结论：耐火材料因热震产生的裂纹和原来的粗裂纹会导致超声波速度 u_L、动力模数 E_A 和耐压强度 σ 不断下降，所以可通过测定超声波速度 u_L 或者动力模数 E_A 并按相应的方程式预测其强度减弱的程度。

3.7.4 热疲劳监测

间歇式作业的高温窑炉（转炉、回转窑、钢包等）内衬耐火材料的损毁、在使用过程中产生的剥落，其基本途径是砌体内产生热应力的结果。就剥落类型而言，虽然也存在热剥落的情况，但由于熔渣渗透所导致的结构剥落往往成为加快内衬损毁的原因。

以有色金属冶炼转炉为例，由于渣－锍熔体具有相当大的膨胀系数，在冷凝时产生膨胀，引起砌体内部产生热应力（图3-62和图3-63）。在多次周期性的热应力作用下会导致砌体周期性快速损

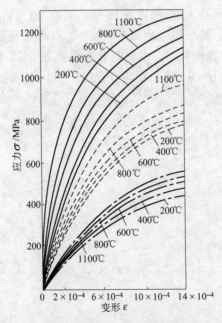

图 3 - 62　铬镁质耐火材料在炼铜转炉中于不同
温度下使用前后热应力 σ 与变形 ε 的关系
———表示使用前耐火材料；---表示最小变化带；
——表示工作带的过渡带

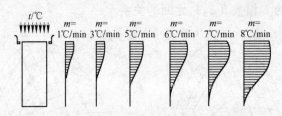

图 3 - 63　铬镁质耐火材料结构致密性的破坏，其破坏程度是用在
不同加热速度 m 下以超声波通过制品的速度降低情况来表示

毁。又由于内衬工作表面被熔体浸入，结果则在耐火砌体中形成侵蚀带，当其边缘砌体加热—冷却时，便产生了热应力，如图 3 - 64 所示。这种应力一旦超过耐火材料的机械强度，便会导致结构剥落的发生。

　　通过对使用过耐火材料的强度研究表明，耐火材料的抗热震性能对于抗化学侵蚀有明显的影响。同时也观测到，经受热震初始作用的耐火材料的抗渣性，较之在使用前经过缓慢预热的耐火材料要低得多，这是由于前者的致密性在开始时就遭受到破坏。研究结果还表明，耐火材料初始致密性破坏取决于其几何尺寸、热物理和弹性力学性能以及温度场的变化强度。

　　在这种情况下，即可通过砌体各部位内衬材料在使用过程中弹性力学性能的变化与加热温度的关系作为预测内衬损毁的参数。

　　耐火材料结构致密性的破坏效应可以借助超声波技术的无损检验方法进行测定而得到。因为该方法的实质在于介质的致密性越大，越均一，超声波通过的速度就越快。众所周知，在单面加热条件下所产生的热应力会导致微裂纹增加。在这种情况下，超声波通过的速度便会发生变化。对于耐火材料受到热应力之前和之后超声波通过的速度进行比较，就能获得耐火材料初始致密性的破坏程度。

　　随着加热速度的提高，耐火材料致密性破坏会加剧，图 3 - 64 示出了这种实例。图 3 - 64 表明，在单面加热的条件下，微裂纹最多的部位是距制品长度 1/3 ~ 1/5 的地方。

　　图 3 - 64 示出的是俄罗斯学者测定经 20 ~ 1200℃ 内加热后同一试样的 E 模数（E_A），耐压强度 σ、加热速度 m 与同一未经加热处

理的试样的 E 模数（E_D）之间的关系。

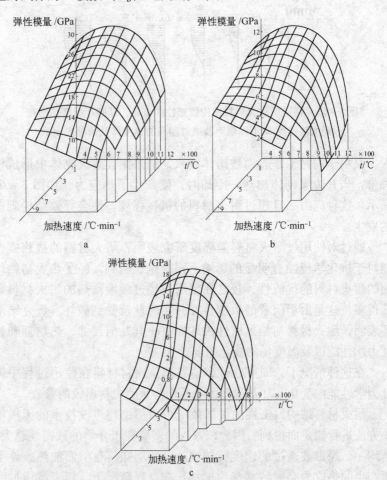

图 3 – 64   在不同试验温度 t 和加热速度 m 下
耐火材料的弹性模量 E_D 的变化

a—熔铸镁铬质耐火材料；b，c—分别为"镁砖"公司生产的
镁铬砖和潘捷列蒙诺夫斯克耐火材料厂生产的镁铬砖

图 3 – 64 示出的是在一定的温度范围内，当加热速度提高时再
结合 MgO – Cr$_2$O$_3$ 砖也同样影响了 E 模数，并导致材料破坏的结果。
普通 MgO – Cr$_2$O$_3$ 砖由于硅酸盐相含量高，因而它在低温下刚性大，

而在 $1100 \sim 1200℃$ 时又快速软化，所以加热速度提高时对 E 模数的降低也有较大影响，并会导致其强度降低。

由此看来，通过对间歇式作业的窑炉耐火内衬损毁原因进行分析，同时查明引起砌体耐火材料的弹性力学性能与操作工艺过程中加热温度之间的关系，就能预测内衬剥落造成损毁的各种参数，从而为开发新材质，改进操作工艺条件提供依据。

3.7.5 耐火材料热疲劳寿命

当材料断裂是由所测得的强度取决于荷载作用于时间或者加载速率时，那么这种现象就叫疲劳，或称疲劳断裂。在这种情况下，材料在受到一定次数（以 N 表示次数）的反复或周期性外力作用以后达到断裂时的最大应力（也称疲劳强度 σ_p）低于静力强度 σ_f。在线弹性断裂力学中，裂纹在疲劳荷载下的扩展率（dL/dN）（每个荷载循环引起的裂纹亚临界扩展量）可以用下式表达：

$$dL/dt = A(\Delta K)^n \qquad (3-123)$$

式中，A、n 是与材料有关的常数；ΔK 是交变应力强度因子的幅度值。通常，在交变荷载条件下，材料应力强度因子与裂纹扩展速度 u 往往用下式表示：

$$u = A_1 K_i^n \qquad (3-124)$$

式中，A_1 是与材料有关的常数，而典型的 n 值为 $30 \sim 40$。对于按正弦规律随时间的应力 $\sigma_t = \sigma_0 + \sigma\sin(2\pi fN)$，每一循环的裂纹扩展平均速度 u_{ian} 可以用平均应力强度因子 K_{ian} 表示，因而式 3-124 变为：

$$u_{ian} = gA_1 K_{ian}^n \qquad (3-125)$$

$$g = f\int_0^{1/f} (\sigma_t/\sigma_0)^n dt \qquad (3-126)$$

于是正弦应力条件下裂纹扩展平均速度等于：

$$u_{ian} = gu_{静态} \qquad (3-127)$$

如果在疲劳断裂中裂纹扩展完全依赖时间，那么对应于任意变动的负荷应力 σ_t 的等价裂纹扩展时间即有效负荷时间 t_{eff} 可由下式求出：

$$t_{eff} = \int_0^{1/f} (\sigma_t/\sigma_f)^{n'} dt \qquad (3-128)$$

式中，t_{eff} 为每反复加载一次的实际时间；n' 为裂纹扩展速度指数；σ_t 为断裂强度。对于快速断裂条件而言，若用安全负荷近似，则：

$$t_{\text{eff}} = \int_0^{1/f} (\sigma_t t / \sigma_t t_{\text{f}}) \, \mathrm{d}t = t_{\text{f}} / (n' + 1) \qquad (3-129)$$

$$t_{\text{f}} = t_{\text{eff}} (n' + 1) \qquad (3-130)$$

若按应力比 R（最小负荷/最大负荷），频率 f 的正弦加载时，则：

$$t_{\text{eff}} = \int_0^{1/f} \left\{ \left[(1 - R)\sin(2\pi ft) + (R + 1) \right]^{n'} / 2n' \right\} \mathrm{d}t \qquad (3-131)$$

显然，从加载开始至疲劳断裂导致材料破坏的时间 t（疲劳断裂时间）等于：

$$t = N t_{\text{f}} \qquad (3-132)$$

当采用安全近似时，可由式 3-129 及式 3-131 求得：

$$t = N(n' + 1) t_{\text{eff}} \qquad (3-133)$$

式中，N 为加载循环次数（材料寿命），因而 N 等于：

$$N = t / \left[(n' + 1) t_{\text{eff}} \right] \qquad (3-134)$$

对于具有非线形性能潜力的耐火材料来说，在出现非线形性疲劳断裂的情况下，发现有与非线形结合的疲劳裂纹扩展。

应用强度因子及使用应力 σ_p 和裂纹长度 L_0 有如下关系：

$$K_i = y\sigma_p L_0^{1/2} \qquad (3-135)$$

$$K_{\text{IR}} = y\sigma_p L_0^{1/2} = (2E\gamma_{\text{wof}})^{1/2} \qquad (3-136)$$

考虑到在恒定温度差的条件下，两次连续的热冲击时，将式 3-136 代入式 3-123 积分得：

$$L_{i+1}^{1-n/2} - L_i^{1-N/2} = \left[(2 - n)/2 \right] A y^n \sigma_p^n \qquad (3-137)$$

假定 $(N+1)$ 次热冲击后发生裂纹，则式 3-137 可以写成：

$$L_n^{1-n/2} - L_0^{1-n/2} = (L_n^{1-n/2} - L_{n-1}^{1-n/2}) + \cdots + (L_K^{1-n/2} - L_{K-1}^{1-n/2}) + \cdots +$$
$$(L_1^{1-n/2} - L_0^{1-n/2})\left[N(2 - N)/2 \right] A y^n \sigma_p^n \qquad (3-138)$$

根据里菲思得出的临界应力 σ_p 与初始裂纹长度的关系：

$$\sigma_p = y(E\gamma_{\text{nbt}}/L_0)^{1/2} \qquad (3-139)$$

将式 6-165 和式 3-139 代入式 3-138 中得：

$$(y^2 \sigma_f^2 / 2E\gamma_{\text{wof}})^{(N/2-2)/2} - (y^2 \sigma_f^2 / 2E\gamma_{\text{nbt}})^{(n-2)/2} = \left[(2 - n)/2 \right] A N y^n$$

$$(3-140)$$

$$N = \left[1/2^{(n-4)/2a}A(n-2)y^2\right](1/\sigma_p^2)(\sigma_f^2/E\gamma_{wof})^{(n-2)/2} \times$$
$$\left[1 - (\sigma_p^2\gamma_{wof}/\gamma_{nbt}\sigma_f^2)\right] \qquad (3-141)$$

由于 σ_p 低于抗折强度 σ_f，γ_{wof} 低于 γ_{nbt}，而 $n = 7 \sim 12$，所以 $(\gamma_{wof}\sigma_p/\gamma_{nbt}\sigma_f)$ 可以忽略，则式 3-141 变为：

$$N \approx \left\{1/\left[2^{(n-4)}A(n-2)y^2\right]\right\}(1/\sigma_p^2)(\sigma_f^2/E\gamma_{wof})^{(n-2)/2} \qquad (3-142)$$

式 3-142 表明，在热循环冲击试验条件一定（即 σ_p 一定）时，提高耐火材料抗热循环冲击性需要提高抗折强度，降低弹性模量，减少断裂功。因此即可定义：

$$R_{as}' = \sigma_f^2/E\gamma_{wof} \qquad (3-143)$$

作为抗热循环冲击参数，由 Hasselman 理论可知，短裂纹不稳定性有利于裂纹扩展，这种情况发生在 σ_f 降低时。而当短裂纹缩小则有利于裂纹动力扩展（图 3-1），这种情况发生在 R'''' 降低时。这说明，参数 R_{at} 是控制热循环冲击损毁的重要参数，它是 R''' 的倒数，即

$$R_{as}' = 1/\left[(1-\mu)R'''\right] \qquad (3-144)$$

另外，Hasselman 理论还指出，长裂纹不稳定性也有利于裂纹扩展，这种情况发生在 R_{st} 降低时。在这种情况下，可用参数 $R_{as} = \sigma_f R_{st}$ 来控制热循冲击损坏：

$$R_{as} = \sigma_f R_{st} = (\sigma_f^2\gamma_{eff}/E\alpha) \qquad (3-145)$$

关于 R_{as} 更详细的分析可参见 3.8 节。

当材质不同而形状一样的两种耐火材料在完全相同的试验条件下进行热循冲击试验时，其寿命（N_1、N_2）可由式 3-142 得到：

$$N_1/N_2 = \sigma_{f1}^2 E_2\gamma_{wof2}/\sigma_{f2}^2 E_1\gamma_{wof1} \qquad (3-146)$$

该式为设计在热冲击条件下应用的耐火材料的配方设计提供了重要依据。如果施加的应力为热应力，同一耐火材料在不同热循环条件下进行热循环冲击试验时，由式 3-1 和式 3-146 得到：

$$N_1/N_2 = \left[\Delta T_2/\Delta T_1\right]^n \qquad (3-147)$$

此式是控制耐火材料在热循环条件下使用时的配方设计的重要依据。它最早已在陶瓷材料中作为近似方程应用于热疲劳寿命的估算中。而且式 3-148 曾经被 Hasselman 和 Amman 等人的研究所获得的关于玻璃和氮化硅烧结体的结果所证实。这样，由式 3-147 即可

得到：

$$N_1(\Delta T_1)^n = N_2(\Delta T_2)^n = N_3(\Delta T_3)^n = \cdots \qquad (3-148)$$

这说明材料在热循环时的损伤程度（寿命）与（温度差）^{n} 乘积为常数，即降低热循环中的温度差便可提高其寿命。不过，式 3 - 147 和式 3 - 148 仅适合线膨胀特性与温度呈直线关系的材料，如镁质、铝质、尖晶石和锆英石耐火材料等，而不能直接应用于硅质和锆质耐火材料转化温度范围内（图 3 - 65）的场合，因为方程式中的温度差是显示线性变化的因素。在这种情况下，需要对热循环温度与相应的膨胀系数加以换算。

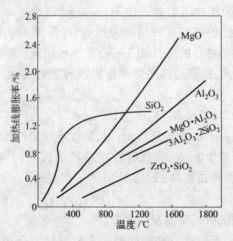

图 3 - 65　某些耐火氧化物的线膨胀率

有资料介绍，热风炉硅质格子砖在热循环的低温侧，声发射值的发生量较小，但在 600 ~ 800℃ 的条件下，仅在冷却时声发射值才转变。这种情况可以从 800℃ 附近硅砖的抗折强度低等情况看出，原因是硅砖基质部分的玻璃相在高温下软化，使显微裂纹得到弥合，冷却时裂纹会再加深。这就是为什么硅砖能与高炉附属设备——热风炉由于燃烧、送风操作交替进行，耐火材料经常经受热循环负荷作用的使用环境相适应的重要原因。

在高温热循环条件下发生相转化的耐火材料还可举出 MgO - Fe_2O_3 系统，因为材料中存在 $Fe^{+3} \rightleftharpoons Fe^{+2}$ 的转化会导致该类耐火材料脆化。这种转化温度在大约500℃以上才可觉察到。正是由于这一点，而且它们又具备储能材料必备的性能，因而 $MgO - Fe_2O_3$ 系耐火材料被选作电储能设备中的储能材质。

3.8 耐火材料抗机械冲击性

众所周知，热工窑炉内衬使用的耐火材料往往由于热震引起表面剥落（热剥落），在整个耐火材料损坏中占有很大比例。然而，在某些情况下，耐火材料也会因机械冲击而损坏。例如，转炉装料侧、电炉炉底等都会因沉重的废钢装入时的冲击而导致损坏。又如，在铝混合和熔化炉中，在恶劣的操作条件下其内衬也会因冲击而造成损坏（像把沉重的铸块投入炉中、扒渣操作和用冲击工具从炉腰耐火内衬中拆下耐火砖等都会导致内衬耐火材料的机械损坏）。

耐火材料在机械冲击过程中损坏涉及的因素很多，其中包括应力、加荷载速度、抛射体的几何形状和耐火材料的特性等。

耐火材料的机械冲击可以采用两种技术来分析：一是采用"单冲击"来确定破碎试样所需要的能量，二是涉及在低能量下进行重复的机械冲击。

在机械冲击中受损条件下抗冲击性耐火材料的冲击韧性 K_a 可以用下式来表达：

$$K_a = W/(Bw) \qquad (3-149)$$

式中，W 为冲击试样所消耗的冲击功；B 和 w 分别为试样厚度和宽度；K_a（抵抗机械冲击的能力）是与材料结构密切相关的参数。

当采用冲击锤由恒定高度 h 降落直至材料破碎所产生的总功 W 的方法来测定时，则：

$$W = mghN \qquad (3-150)$$

式中，m 为冲击锤质量；g 为重力加速度；N 为冲击次数（寿命）。

由式 3-149 和式 3-150 求出的 K_a 和 N 分别为：

$$K_a = mgN/(Bw) \qquad (3-151)$$

$$N = K_aBw/(mgh) \qquad (3-152)$$

该式表明的是耐火材料在断裂前所容许的机械冲击数 N（寿命）。

对于疲劳冲击来说，材料的机械冲击疲劳寿命可由式 3-142 描述。如果施加的冲击应力稳定，那么式3-142可以写成下述形式：

$$N = C(\sigma_f/\gamma_{wof})^{(n-2)/2} \tag{3-153}$$

可见，常数 C 并不取决于材料的性能。或者：

$$\ln N = A + [(n-2)/2]\ln(\sigma_f/E\gamma_{wof}) \tag{3-154}$$

$$C = 1/2^{(n-4)/2}(n-2)A\gamma_{wof}^2\sigma_p^{2(n-2)} \tag{3-155}$$

在材料性能稳定的条件下，式3-153可以表达为：

$$N = D_H/W_H^n \tag{3-156}$$

式中，W_H 为下落重物的势能；D_H 为取决于材料物理性能的常数，其值为：

$$D_H = [1/2^{(3/2n)-2} \cdot (n-2)Y^2E^{n-1}](\sigma_f/\gamma_{wof})^{(n-2)/2} \tag{3-157}$$

由于下落重物的势能与 mgh 成正比，因而次数 N 与冲击韧性值 K_a 成正比而与重物降落的高度 h 成反比。

按第二种技术分析，认为裂纹在交变应力作用下，若每次应力循环时裂纹尺寸增加值为 dL/dN，在线弹性断裂力学中，裂纹在疲劳负载下的扩展速率（dL/dN）为式6-153所表达的结果，此时式3-155变为：

$$N = D'_H/h^{n/2} \tag{3-158}$$

$$\ln N = A'' - (n/2)\ln nh \tag{3-159}$$

式3-158表明机械冲击的次数 N（寿命）只随 h 变化。

由式3-154看出，为了使材料在机械疲劳条件下有较长的寿命（N 值大），最大的存储弹性能 σ_f^2/E 应高于其断裂能量（断裂功）γ_{wof}。式3-141则指出，对于所有的亚临界状态，材料的寿命与最大的能量 σ_{fmax}^2/E 之间的差成正比。在机械冲击疲劳的情况下，在每一次冲击后，裂纹长度都应稍有增加（$L_{ni} < L_{ni+1}$）。在 N 次冲击后，若裂纹长度为 L_n 时，由式3-137看出材料抗疲劳主要受 L_n 控制（因为 $L_n > L_0$）。这可由表3-17和表3-18中两组耐火材料抗高温机械冲击疲劳的结果得到证实（表3-19和表3-20以及图3-66和图3-67）。图3-66表明，在莫来石质耐火浇注料（$N=7$）和锆质耐火浇注料（$N=12$）之间，所有材料的 $\ln N$ 与 $\ln h$ 都近似地是线性关系，即对应的 n 在7（莫来石质耐火浇注料）和12（锆质耐火浇注料）之间变化。n 值这一范围表明（$\gamma_{wof}\sigma_p/\gamma_{nbt}\sigma_f$）可以忽略。

表 3-17 第一组材料的化学成分（质量分数，%）

材　料	Al_2O_3	SiO_2	ZrO_2	P_2O_5	CaO	Fe_2O_3	TiO_2	碱金属	烧减（挥发物）（Lg）
莫来石质浇注料	57.3	30.3	3.3	—	1.4	0.8	1.4	0.1	
高铝质浇注料	96.5	0.1	—	—	2.7	0.1		0.1	
锆质浇注料	6.2	34	58.3	—	0.8	0.1	0.5	0.1	8.5
高铝砖	81.7	9.7	—	4.3	0.1	1.5	2.5	0.2	—

表 3-18 第二组材料的化学成分（质量分数，%）

材料	Al_2O_3	SiO_2	Fe_2O_3	TiO_2	CaO	MgO	ZrO_2	碱金属
A	82.8	10.8	1.2	2.4	1.9	0.2	—	0.2
B	76	10	0.9	2.2	1.4	0.1	—	—
C	57.5	24.8	0.8	1.5	2.4	0.1	8.5	0.2

表 3-19 第一组材料的性能

材　料	试验测定结果				计算参数		
	σ_0/MPa	E_0/GPa	γ/J·m^{-2}	α/K^{-1}	R''''/mm	R_{st}/km^{-1}	$\sigma_0 R_{st}$ /MPa·km^{-1}
莫来石质浇注料	16.3	51	68	6.56×10^{-6}	1.3	5.6	91.1
高铝质浇注料	11.6	58	68	9.02×10^{-6}	3	3.8	43.9
锆质浇注料	16.7	58	72	5.22×10^{-6}	1.5	6.8	112.1
高铝砖	18.1	65	95	8.9×10^{-6}	1.7	4.3	83.4

表 3-20 第二组材料的性能

材料	试验测定结果				计算参数				
	σ_0/MPa	E_0/GPa	γ/J·m^{-2}	α/K^{-1}	R''''/mm	R_{st}/km^{-1}	$\sigma_0 R_{st}$/MPa·km^{-1}	$\sigma_0/E\gamma$/m^{-1}	N
AL	19.4	54.5	53	7.6×10^{-6}	7.6	4.1	79.9	131	59
AH	19	45.9	55.9	7.5×10^{-6}	7.0	4.6	88.2	141	104
BL	12	25.4	56.2	7.7×10^{-6}	9.9	6.1	74	101	16

材料	试验测定结果				计 算 参 数				
	σ_0/MPa	E_0/GPa	γ/J·m^{-2}	α/K^{-1}	R''''/mm	R_{st}/km^{-1}	$\sigma_0 R_{st}$/MPa·km^{-1}	$\sigma_0/E\gamma$/m^{-1}	N
BH	25.8	61.6	57.8	8.2×10^{-6}	5.3	4	103.7	188	304
CL	24.6	57.8	46.2	5.8×10^{-6}	4.4	4.9	119.2	226	361
CH	20.3	51.1	45.3	6.8×10^{-6}	5.6	4.3	93.3	178	157

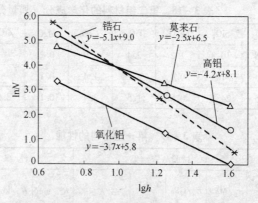

图 3 - 66 在 1200℃ 下试验，第一组试样的
$\ln N$ 随 $\ln h$ 的变化

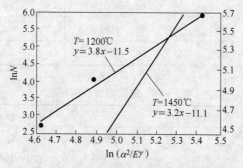

图 3 - 67 在 1200℃ 和 1400℃ 下试验，第二组试样的
$\ln N$ 随 $\ln(\sigma^2/E\gamma)$ 的变化

在 1200℃ 和 1450℃ 中试验的第二组耐火材料试样，其 $\ln N$ 对

$\ln$（$\sigma_{fv}^2 E\gamma_{wof}$）作图得到图 3 – 66。它表明，在 1200℃ 中试验 N 值（N =7.6）高于在 1450℃（N =6.3），这说明提高温度会降低 N 值。这是因为试验环境温度升高时，材料的烧结程度提高，自然会降低材料的抗机械冲击性。

由于耐火材料都是在高温环境中使用的材料，而且往往有温度变动的情况，如果耐火材料在受到机械冲击时，那同时也会受到热震冲击。由众多观察结果中发现，耐火材料受到热震冲击的程度往往高于受机械冲击的程度。如式 3 – 152 所表明的那样，在恒定的高温冲击的条件下，耐火材料机械冲击疲劳寿命 N 仅取决于参数 K_a，而后者与材料抗折强度 σ_f 有关，因而机械冲击疲劳寿命则取决于抗折强度。

由于多孔粒状耐火材料往往都是由粗颗粒、中颗粒和细颗粒组成的，而且颗粒分布范围非常广泛，所以含有大量的气孔，并且在粗颗粒和结合基质之间存在较大的裂纹（龟裂）。这类材料中初始裂纹长度在图 3 – 1 中 L_0 比较大的区域内，通常需要采用参数 K_{st} 来控制其热震损伤，因为其裂纹扩展能缓慢进行。

由观察使用结果发现，耐火材料抗机械冲击性似乎受裂纹产生状态而不受抗裂纹扩展性的制约。但耐火材料抗热震性主要受裂纹产生和损坏阻力的影响，所以抗热震参数也会同抗机械冲击性参数形成对比关系。

在保持耐火材料高的抗折强度的条件下，为了提高它们的抗热震性能，主要途径是事先在其内部制造适量的微裂纹，而使之能承受更大的温度差。理论上认为，为了不降低耐火材料的抗折强度，初期裂纹长度应当处于图 3 – 1 中最低点右侧，从而保证裂纹扩展以准静态方式进行。也就是说，通过引入尺寸足够大、数量足够多的微裂纹以便使裂纹以准静态的方式扩展，即是在保持较高的抗折强度的同时赋予材料较高的抗机械冲击性能。

根据断裂力学理论，对于单侧承受热负荷、具有 N 个长度一致的裂纹的整个物体来说，其临界温度差 ΔT_c 由式 3 – 8 给出。

从抗裂纹扩展的观点来观察，认为形成一种裂纹密度较大而初期裂纹长度相对较小的组织较为有益，因为这些微裂纹在已有裂纹的情况下能起"阻尼"作用。

在这种情况下，L_0 应接近 L_m 且略大于 L_m 较为理想：

$$L_0 \geqslant L_m = [9(1-2\mu)/80(1-\mu^2)N]^{1/3} \quad (3-160)$$

但 L_0 与材料形状有关，例如耐火试片的 L_0 为：

$$L \geqslant L_m = (1/6\pi N)^{1/2} \quad (3-161)$$

对于大多数耐火材料来说，可以根据初期裂纹与其临界应力扩大系数 K_{IC} 和抗折强度 σ_f 的关系，由 3.1 节即可求得整个物体内的裂纹密度为：

$$N \geqslant [9\pi^3(1-2\mu)(\sigma_f/K_{IC})^6]/[80(1-\mu^2)] \quad (3-162)$$

对于耐火试片，N 则等于：

$$N \geqslant \pi(\sigma_f/K_{IC})^4/6 \quad (3-163)$$

由于：

$$K_{IC} = 2\gamma_{wof}E(1-\mu^2) \quad (3-164)$$

式中，E 为有效（现实）弹性模量。这样一来，材料裂纹密度 N 应为：

$$N \geqslant 9\pi^3(1-2\mu)\sigma_f^6/[640(1-\mu^2)^4\gamma_{wof}^3E^3] \quad (3-165)$$

而耐火试片的 N 则等于：

$$N \geqslant \pi\sigma_f^4/[24\gamma_{wof}^2E^2(1-\mu^2)^2] \quad (3-166)$$

实际使用中观察到的另一结果是，虽然抗折强度是耐火材料抗机械冲击性的一个较好的阻力系数，然而耐火材料受热震的损伤程度却要高于受机械冲击的损伤程度。尽管如此，我们设计在前面所指出的条件下应用的耐火材料仍然需要妥善处理好两者的关系。

综上所述，即可得出以下结论：

耐火材料抗机械冲击性能主要由抗折强度控制，而断裂韧性的影响程度则较小。这也就是说，对于抗机械冲击性来说，耐火材料具有最大的抗折强度是获得最佳使用性能的最好途径。

在裂纹缓慢扩展的条件下，材料的抗热震性主要受抗折强度和线膨胀系数控制。E 模数和断裂功 γ_{wof} 的影响主要在参数 R_{st}（参见式 3-20）中体现，参数 R_{st} 是规定与稳定断裂有关的参数。由式 3-20 看出，耐火材料的线膨胀系数 α 和 E 模数越小，断裂功 γ_{wof} 越大，R_{st} 值就越大，裂纹开始扩展需要的温度差也就越大，裂纹的稳定性就越好。

抗折强度和参数 R_{st} 可共同用于提高耐火材料的抗机械冲击性和抗热震性。

这样看来，只要能控制耐火材料抗折强度和参数 R_{st} 值并使之达到最佳化，就能使耐火材料的抗机械冲击性（裂纹产生）和抗热震性（裂纹产生和扩展）达到最佳化。因此，对应的耐火材料便能与前面所讨论的使用条件相适应。为此，可通过下面公式中的新参数 R_s 作为设计耐火材料的依据：

$$R_s \approx R_{st}\sigma_f = (\sigma_f/\alpha)(\gamma_{wof}/E)^{1/2} \qquad (3-167)$$

由于耐火材料抗热震性提高的影响程度要高于抗机械冲击性，故应当使 R_{st} 极限化。

从物理学角度来观察，认为短裂纹可提高强度，而长裂纹会降低刚性，两种裂纹都能形成高应力而产生断裂。因此，根据断裂力学框架，结合耐火材料结构特点，采取必要的工艺，便可改善耐火材料的抗机械冲击性和抗热震性。具体说来，能满足这些要求的耐火材料的配方设计应依据以下原则：

（1）选用线膨胀系数低的材料或者在烧成过程中或者在使用时产生永久性收缩的原料组合以降低热应力。

（2）通过优化颗粒分布和制造工艺以降低耐火材料的气孔率，提高抗折强度。

（3）设计最佳的显微结构，采取阻止裂纹扩展、消耗裂纹扩展动力，以改善韧化机制，主要是使裂纹转向和裂纹分叉。

（4）为了使裂纹转向，则需要使用大小尺寸都有的骨料，采用大尺寸强力骨料也会使裂纹转向，改善晶间裂纹性能。在存在穿晶裂纹特性的情况时，用烧结而不是电熔骨料可提高抗裂纹扩展性能，这样会使裂纹转向，进入骨料中。

（5）为了促使裂纹分叉，基质部分的设计可能需要采用具有不同的和（或）各向异性的线膨胀系数的材料，以增强热膨胀失配，这可形成大量的微裂纹。不过，应设法达到最佳平衡以避免微裂纹聚结。

4 熔渣导致耐火材料的损毁

当耐火材料同熔渣接触时会发生熔渣向耐火材料内部气孔中的浸透，耐火材料成分向熔渣中的熔解蚀损，渣浸加快耐火材料的熔解蚀损以及导致耐火材料的结构剥落损毁。熔渣造成耐火材料这些损毁现象还会随着温度的上升而加剧。

4.1 熔体－耐火材料的湿润性

大量观察的结果都表明，熔体－耐火材料间的湿润性对耐火材料的抗渣性有很大的影响。其中，耐火材料的抗浸透性则受到其湿润性的限制。

早已了解，熔体－耐火材料的湿润性取决于下列条件：

（1）熔体－耐火材料系统组成以及特性。已有的资料表明，熔体－固体材料间的组成差异增大会导致熔体湿润固体的能力下降。例如，熔渣－氧化物系耐火材料间湿润性优于金属熔体－氧化物系耐火材料间的湿润性。相反，金属熔体－含碳复合耐火材料间的湿润性却优于熔渣－含碳复合耐火材料间的湿润性。

（2）熔体－耐火材料间的湿润性受耐火材料表面粗糙度的控制，耐火材料表面粗糙度变化会引起接触角 θ 发生变化。通常的情况是，当表面粗糙度增大时易于湿润的材料就更加易于湿润，而难于湿润的材料就更加难于湿润。

（3）熔体－耐火材料间的反应会对耐火材料的湿润性产生较大影响。固体材料湿润程度的量一般可直观地采用接触角 θ 来表示。在三相（例如液、固、气相）界面中可应用 Young 公式，即下式成立：

$$\sigma_{ls} = \sigma_{sg} - \sigma_{lg}\cos\theta \qquad (4-1)$$

式中，σ_{ls}、σ_{sg} 和 σ_{lg} 分别为固－液界面张力、固相表面张力和液相表面张力。由该式求出的 θ 为：

$$\theta = \cos^{-1}[(\sigma_{sg} - \sigma_{ls})/\sigma_{lg}] \qquad (4-2)$$

接触角 θ 越大，熔体－固体材料间的湿润性就越差，也就是该熔体更加难湿润对应的固体材料。

另外，液体附着于固体表面所引起的表面自由能的变化量，也可以作为湿润性的比较尺度而经常被采用。附着功 W_{ad} 可用下式计算：

$$W_{ad} = \sigma_{lg}(1 + \cos\theta) \qquad (4-3)$$

不过，W_{ad} 与界面的结合方式以及结构相联系。

如早已了解到的，氧化物的表面一般由氧所覆盖，这样的表面同熔体（例如熔融金属）接触时，后者和氧化物表面的氧之间就会产生亲和力，正是这类亲和力决定着湿润性。它包括物理性的相互作用和化学性的相互作用。

在熔体－耐火材料系统中，熔体对耐火材料的湿润程度是导致熔体浸透进入耐火材料结构内以及促进耐火材料成分向熔渣中的熔解蚀损，特别是熔体－金属界面处的局部熔损的重要因素。

4.2　熔渣向耐火材料内部的浸透与抑制

熔渣浸透进入耐火材料内部气孔中不仅会促进耐火材料成分向熔渣中的熔解蚀损，而且是导致耐火材料结构剥落加快其损毁的重要原因。因为一旦溶渣成分浸透进入耐火材料内部气孔中时便会立即与之反应，导致工作表面变质，其结果则会在高温条件下造成被浸透区域变得非常疏松。如果遇到流动的钢液和/或流动的熔渣就会使之腐蚀而被冲刷掉。这样，新的未被熔渣浸透的部分即被暴露，进而使耐火材料中未被熔渣浸透的部分受到化学侵蚀。相反，如是浸透的部分未被冲刷掉，由于熔渣从加热面浸透到耐火材料内部的深处，结果则导致生成很厚的变质层。从宏观上观察，在浸透层与原质层接触处附近，由于密度和 E 模数等不同，产生一个物理性能的差异，于是就在温度下降之后，在变质层与未变质层的交界处产生平行于工作面的裂纹。在温度变化的条件下，变质层将会从耐火内衬上以片状形式剥落下来（结构剥落）。对于有温度变化而产生裂纹或者剥落的耐火材料来说，这是造成严重损毁的原因。简单地说，由于耐火材料结构剥落程度受熔渣向其内部气孔中浸透深度的限制,因而认为极小的浸透深度等于极小的剥落。可见,限制熔渣向耐火材料内部气孔中的浸透是提高耐火材料抗结构剥落的重要途径。

熔渣向耐火材料内部气孔中的浸透数量取决于气孔大小、熔渣特性和耐火材料与熔渣之间的关系。

熔渣向耐火材料结构(气孔)中的渗透速度(dL/dt)可用一次近似值作为哈根·泊肃叶流来处理。其体积速度 Q 可以由哈根·泊肃叶公式求得:

$$Q = \pi r^4 \Delta p / (8L\eta) \tag{4-4}$$

式中,r 为气孔平均半径;Δp 为压力差;η 为黏性流体黏度(这里为熔渣黏度);L 为熔渣渗透深度。

如果熔渣渗透的平均速度为 u,则:

$$Q = \pi r^2 u \tag{4-5}$$

Δp 和 u 虽然是温度和熔渣组成的函数,但对于同一种熔渣在特定的温度条件下,即可写成:

$$u = dL/dt \tag{4-6}$$

因此,下式成立:

$$dL/dt = r^2 \Delta p / (8L\eta) \tag{4-7}$$

如图 4-1 所示,由 $t=0$,$L=0$ 到 $t=t$,$L=L$ 对式 4-7 积分得:

$$L^2 = r^2 \Delta p / 4\eta \tag{4-8}$$

式中,Δp 为气孔吸引力 Δp_c 和来自熔渣一侧的静压力 Δp_s 之和:

$$\Delta p = \Delta p_c + \Delta p_s \tag{4-9}$$

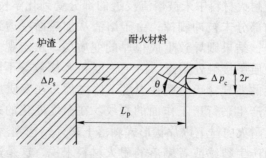

图 4-1 炉渣浸透到水平圆柱毛细管内的模型

Δp 以发生渗透方向为正，如图 4 - 2 所示。

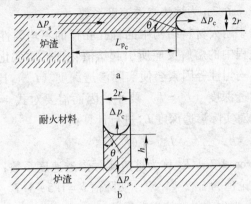

图 4 - 2　炉渣浸透到水平或垂直圆柱毛细管内的模型
a—水平方向；b—垂直方向

（1）熔渣表面的水平渗透。对于在熔渣表面的水平渗透（图 4 - 2），$\Delta p_s = 0$，气孔吸引力 Δp_c 在湿润角为 θ，熔渣表面张力为 σ 时，则：

$$\Delta p_c = 2\sigma\cos\theta/r \qquad (4-10)$$

将式 4 - 10 代入式 4 - 8 得：

$$L = \left[tr\sigma\cos\theta/2\eta \right]^{1/2} \qquad (4-11)$$

（2）熔渣表面的垂直渗透。如图 4 - 2 所示，当距离熔渣表面的渗透高度为 h 时，则 $\Delta p_s = \rho gh$，按上述程序即可导出：

$$-h - h_{max}\ln(1 - h/h_{max}) = \rho ght/2\eta \qquad (4-12)$$

式中，$h_{max} = 2\sigma\cos\theta/\rho gr$ 是熔渣的最大渗透高度；ρ 为渗透熔渣的密度；g 为重力加速度。

（3）与熔渣水平成倾角 ψ 的渗透。在这种情况下，可由（1）和（2）两种情况推出熔渣渗透进入倾角为 ψ 的气孔内的速度为：

$$dL/dt = r^2\rho\left[(2\sigma\cos\theta/\rho rL) - g\sin\psi \right]/8\eta \qquad (4-13)$$

根据上述分析，并考虑到多孔耐火材料结构中的气孔一般处水平位置（$\sin\psi = 0$），因而认为下面公式是评价熔渣渗透的理论公式：

$$dL/dt = r\sigma\cos\theta/4\eta L \qquad (4-14)$$

由 $t = 0$ 到 $t = t$，$L = 0$ 到 $L = L$ 积分式 4 - 14 得：

$$L = (K_p t)^{1/2} \tag{4-15}$$

式中，$K_p = r\sigma\cos\theta/2\eta$ 为熔渣渗透速度系数。

但是，由于耐火材料结构中的气孔孔径的不均匀性，耐火材料在熔渣渗透过程中的熔解反应所引起熔渣物理性质变化，以及耐火材料中温度不均匀性等因素会使实际渗透深度（L_{cp}）比由式 4-11 计算的理论渗透深度（$L_p = L$）要小，因而需要对式 4-11 进行修正，以满足能对实际渗透深度 L_{cp} 进行计算：

$$L_{cp} = (K_{cp} t)^{1/2} \tag{4-16}$$

式中，$K_{cp} = r\sigma\cos\theta/2\eta b^2 R_p^2$ 称为熔渣实际渗透速度系数；b 为气孔曲折系数，其理论值为 $\pi/2 \approx 1.57$，实际值 $b = 1.5 \sim 1.7$。

若定义 R_p 为耐火材料抗浸透系数：

$$R_p = L_p/L_{cp} \tag{4-17}$$

所以 $R_p \geq 1$。而当 $R_p = 1$ 时，则：

$$L = L_p = (tr\sigma\cos\theta/2\eta)^{1/2} \tag{4-18}$$

或者

$$L_{cp} = (tr\sigma\alpha\cos\theta/2.8b^2 R_p^2 \eta)^{1/2} \tag{4-19}$$

此式即为式 4-15，它说明熔渣向耐火材料内部气孔中的浸透深度与浸透时间为抛物线关系。一旦熔渣浸透进入耐火材料内部气孔中时，耐火材料成分即会向浸透熔渣中熔解扩散，而且熔渣的组成也会发生变化，其变化速度受扩散速度控制。假定平均气孔半径 r 不变时，耐火材料成分在浸透熔渣中达到饱和的时间 t_s 为：

$$t_s = 4r^2/D \tag{4-20}$$

式中，D 为扩散系数。例如 MgO 耐火材料 $-$（$CaO - FeO - SiO_2$）渣系统在 1400℃时，$D = 1.5 \times 10^{-5} cm^2/s$，由式 4-19 可得：

$$t_s = 0.27s \tag{4-21}$$

说明浸透进入耐火材料内部气孔中的熔渣在极短时间内就被 MgO 饱和了，因而可以认为浸透进入耐火材料内部气孔中的熔渣成分是被耐火材料成分所饱和的熔渣。也可以认为，浸透熔渣成分与熔渣浸透的时间几乎没有关系。

式 4-21 说明，熔渣浸透进入耐火材料内部气孔中的深度 L_{cp} 与因子 $r^{1/2}$ 及 $(\sigma\cos\theta/\eta)^{1/2}$ 有关。因此，阻止熔渣向耐火材料内部气孔中的浸透方法应当是：增大接触角 θ，降低熔渣表面张力 σ，提高熔渣黏度 η，并减小气孔半径 r。

式 4 – 18 和式 4 – 21 表明，L（L_p 或 L_{cp}）与 $r^{1/2}$ 成正比，因而减小 r 即可降低熔渣浸透进入耐火材料内部气孔中的浸透。然而，如果将 r 取作 1/100，L（L_p 或 L_{cp}）也只能减少 1 位数。但要将 r 减少 2 个数量级却是极为困难的。对于钢铁炉渣来说，$r > 1\mu m$ 的气孔都会引起熔渣浸透。通常，耐火材料内部气孔半径大多都高于这一数值，而且具有较高的气孔率，即使生产最好级别的氧化物系耐火材料，其显气孔率也在 10% ~ 20%。显然，在操作条件下，熔渣或者多种侵蚀性气体都会浸透进入耐火材料内部气孔中。同时，还观察到熔渣浸透现象可能是由于较小直径气孔产生的毛细管效应而被加剧的。

熔渣浸透进入耐火材料内部气孔中的深度与因子 $\sigma\cos\theta / \eta$ 有关，σ 可以用下式进行计算：

$$\sigma = \sum (N_i F_i) \qquad (4-22)$$

式中，N_i 为熔渣中组元 i 的物质的量；F_i 组元 i 的表面张力。

无论从炼钢熔渣已有数据或者通过式 4 – 22 计算 σ 值大致都在 $4 \times 10^{-3} \sim 6 \times 10^{-3} N/cm$，说明 σ 限制熔渣向氧化物系耐火材料内部气孔中的浸透所起的作用较少。

另外，对于氧化物系耐火材料 – 熔渣系统来说，由于这类耐火材料都能很容易地被熔渣润湿，所以 $\cos\theta$ 值的变化也不大。例如，转炉渣同碱性耐火材料的接触角 θ，在 1400℃ 以上时都较小，约为 0° ~ 30°。因而 $\cos\theta$ 仅在 1 ~ 0.86 变化。

由此可见，当氧化物系耐火材料同熔渣接触时，其 $\theta < \pi/2$，说明这类耐火材料属于容易被熔渣润湿的耐火材料。与此不同，碳质耐火材料却可被大部分典型冶炼炉熔渣所排斥，所以将碳素配进氧化物系耐火材料中生产碳复合耐火材料应当是抑制熔渣浸透的重要途径。当熔渣接触到这类耐火材料时，其接触角 $\theta > \pi/2$，因而熔渣难以浸透这类耐火材料内部的气孔中。可见，含碳复合耐火材料属于熔渣难以浸透的耐火材料。

最后，阻止熔渣向耐火材料内部气孔中浸透最有效的方法是提高熔渣的黏度 η，这可通过熔渣控制来实现。

如5.3节所述，当熔渣中存在固相悬浮体时，即可明显地提高熔渣黏度 η，控制熔渣向耐火材料内部气孔中的浸透。

可是，使用中的熔渣或者熔渣浸透进入耐火材料内部气孔中之后所形成的新熔渣，其黏度变化却是很大的。例如，含氧化铁的熔渣，$\eta < 0.5 Pa \cdot s$，而有固相微粒悬浮体或接近固相熔点温度时，其 η 也可以增加到几千 $pa \cdot s$ 以上。因此，进行熔渣控制，提高熔渣黏度是阻止熔渣向耐火材料内部气孔中浸透的重要途径。

上面所指出的熔渣向耐火材料内部气孔中浸透的基本规律是在耐火材料－熔渣系统不变的等温条件下得出的，这只有在实验室中的可控条件下才能办到。

在实际的操作条件下，浸透进入耐火材料内部气孔中的熔渣，由于耐火材料成分的熔入，并立即使之饱和（式4－20）而变成新的熔渣（图4－3），而且温度也不可能恒定（实际情况是耐火材料内部存在较大的温度梯度）。因此，浸透熔渣的黏度 η 也会随之改变。

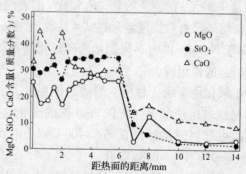

图4－3 在玻璃相中 MgO、SiO_2 和 CaO 的含量

前田等人指出，通常，熔渣向耐火材料内部气孔中的浸透速度受熔渣黏度以及熔渣对耐火材料润湿性和静压的影响。通过研究得出的结论是 $SiO_2 - CaO - FeO$ 系熔渣在各种耐火材料中的浸透速度是：在酸性耐火材料内部气孔中的浸透受润湿性控制，而在碱性耐火材料内部气孔中的浸透速度则受黏性流动控制。对于（MgO－

ZrO_2）耐火材料 –（SiO_2 – CaO – FeO）系熔渣系统来说，当 ZrO_2 吸收熔渣中的 CaO 时，其黏度就会改变。如图 4 – 4 所示，在 C/S = 0.4~0.5 时，CaO 浓度越低，SiO_2 – CaO 系熔渣的黏度就越大。在 C/S = 1，3，5，并添加 15%（质量分数）FeO 时，浸透层中渣相的黏度变化如表 4 – 1 和图 4 – 5 所示。该图表明，渣相黏度随着原来熔渣碱度的降低略有上升，即碱度越低的熔渣不被 ZrO_2 吸收的 CaO 越少。这说明，由于熔渣碱度下降，熔渣的黏度则上升，所以难以浸透。

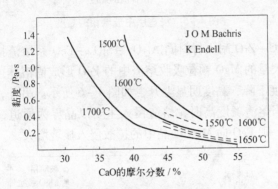

图 4 – 4　SiO_2 – CaO 系的黏性

表 4 – 1　反应层中渣相的黏度和化学成分

试 样 号		15 – 1	15 – 3	15 – 5
渣 碱 度		1	3	5
化学成分（质量分数）/%	SiO_2	39.9	33.5	31.8
	Al_2O_3	0.3	0.5	0.1
	CaO	39.5	42.1	49.7
	MgO	20.4	23.2	18.1
	FeO	0.5	0.1	0.4
	合计	100.6	99.4	100.1
玻璃相的黏度/Pa·s		1.0	1.3	1.6
黏度/Pa·s		0.13	0.11	0.10

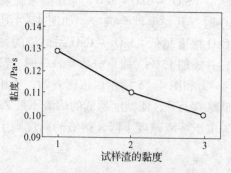

图4-5 浸透层中玻璃相的黏度

当 MgO – ZrO 耐火材料同 Al$_2$O$_3$ – SiO$_2$ – FeO 系熔渣接触时，耐火材料中大量的 MgO 颗粒吸收熔渣中的 FeO 形成固溶体可使熔渣中的 FeO 浓度下降，黏度明显上升，如图4-6所示。另外，松井等人还指出：当熔渣碱度高时，熔渣浸入主要以晶界为通道，而当熔渣碱度低时，则 FeO 向 MgO 结晶中的扩散侵入显著增大。

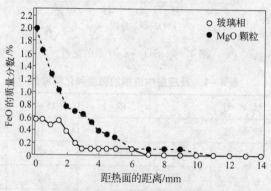

图4-6 在渣浸透层中 FeO 的含量

图4-6示出 $w(FeO) = 15\%$，C/S = 3 的渣样中，MgO 颗粒和 MgO – SiO$_2$ – CaO 系低熔物（渣相）内 FeO 成分的变化。图4-7所示为 $\omega(FeO) = 5\%$、15%、25%，C/S = 3 的各熔渣反应层中低熔物内 FeO 成分的变化。由图4-7得出，同在固相中的扩散相比，FeO 在熔渣（液相）中的扩散较快。因此，气氛和温度变动都会导致铁的氧化态变化（导致 FeO/Fe$_2$O$_3$/Fe$_3$O$_4$ 比率及数量不同），所熔渣浸

透速度和浸透量也会有差异。即使离工作面的距离相同，MgO 颗粒中的 FeO 浓度也比晶间内低熔相中的 FeO 浓度高，这说明熔渣中 FeO 首先通过液相迁移，优先侵入到过剩的 MgO 颗粒中而固溶。正如图 4-8 所示，尽管熔渣中 FeO 含量明显不同，但在工作面 3mm 处 FeO 含量几乎相同（仅差 0.1% ~0.3%）的这一事实就是证明。

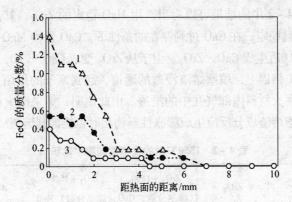

图 4-7 在渣浸透层中 FeO 的含量

1—$w(FeO) = 25\%$；2—$w(FeO) = 15\%$；3—$w(FeO) = 5\%$

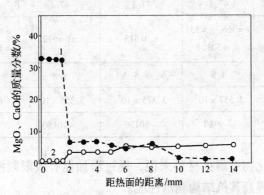

图 4-8 在 ZrO_2 颗粒中 CaO 和 MgO 的含量

1—CaO；2—MgO

应当指出，由于气氛变化和温度变动导致铁的氧化态变化（导致 $FeO/Fe_2O_3/Fe_3O_4$ 比率及数量不同），所以熔渣浸透速度和浸透量也会有差异。另外，在熔渣浸透进入耐火材料内部气孔中之后，在离工作表面 14mm 处，固溶有百分之几的 MgO 的 ZrO_2；在离工作表面 2mm 以内的区域中变成吸收 CaO 的 ZrO_2 和 $CaO \cdot ZrO_2$。

在上述情况下，认为熔渣向 MgO – ZrO 耐火材料内部气孔中的浸透的驱动力，基本上是由于 MgO 颗粒中 FeO 的平衡浓度比熔渣中的平衡浓度大。

由表 4 – 2 中的结果可以看出，用 MgO 稳定的 ZrO_2，其晶格能比 ZrO_2 低，且稳定；在 CaO 过剩存在的条件下，CaO 置换 MgO，再吸收大量的 CaO 后生成 $CaO \cdot ZrO_2$。由于从 ZrO_2 变成 $CaO \cdot ZrO_2$ 之后，其体积增加 1 倍以上，填塞熔渣浸透的通道，起到塞子的作用，故抑制了熔渣向耐火材料内部气孔中的浸透。由此说明，如果耐火材料中存在能与浸透熔渣成分反应生成膨胀性新物相时也能抑制熔渣浸透。

表 4 – 2 1550℃时的晶格能和摩尔体积

化 合 物	ZrO_2	$ZrO_2 + 15\%$ （摩尔分数）CaO	$ZrO_2 + 16\%$ （摩尔分数）MgO	$CaO \cdot ZrO_2$
结构型	CaF_2 四面体	ZrO_2 立方晶格	ZrO_2 立方晶格	钙钛矿
马德伦常数 Ma	47.1	47.1	47.1	49.5
晶格参数/pm	$a = 366$ $c = 531$ $a_0 = 521.1$	$a_0 = 513$	$a_0 = 512$	$a = 576$ $b = 801$ $c = 559$ $a_0 = 408.2$
互排斥常数 n	4.8	4.8	4.8	8
摩尔体积/pm^3	3.557×10^7	3.375×10^7	3.355×10^7	6.792×10^7
晶格能/$kJ \cdot mol^{-1}$	-9980	-10130	-10150	-14800

对于氧化物系耐火材料来说，通过添加能有效限制浸透的加入物可极大地提高其抗结构剥落性能。

由此看来，对于带有气孔的氧化物系耐火材料，若配料中的细颗粒含量少，便会导致其结构发生改变，气孔直径大会引起一系列问题，在极个别的情况下（细粉含量少或不含细粉），能显著地造成熔渣很容易和很深地浸透进入耐火材料内部的气孔中。为了限制熔渣向耐火材料内部气孔中的浸透，主要从操作和材质设计两个方面解决。前者主要采用熔渣控制和提高耐火内衬的温度梯度。温度梯度能导致熔渣在距耐火材料工作表面一定距离的温度相当低处固化，从而阻止熔渣向更深部位浸透；而熔渣控制主要是提高熔渣的黏度。总之，可采用陈肇友提出的下述原则来限制熔渣向耐火材料（传统配方的氧化物系耐火材料）内部气孔中的浸透，提高抗结构剥落性：

（1）提高耐火材料抗炉渣渗透性；

（2）降低耐火材料的气孔率；

（3）炉渣与耐火材料形成熔点高的化合物挡墙，阻止炉渣的渗入；

（4）增加炉渣的黏度。

提高耐火材料抗熔渣的浸透性，其关键是降低耐火材料中主晶相之间的界面能，使主晶相之间直接结合牢固，而其中所形成的低熔点物系以孤岛状存在。例如，在氧化物系耐火材料中，传统镁质耐火材料存在的主要缺点是在使用过程中，形成的液相能够在方镁石晶粒间穿透，而且熔渣也能容易地渗透进入其结构中，导致组织变质。在这种情况下，可通过成分调整，使其矿物相除了方镁石之外，硅酸盐则以 $2CaO \cdot SiO_2$ 相存在。由于它能渗入方镁石晶粒之间，把方镁石晶粒表面的液相排挤出来，从而提高材料的直接结合程度。所以，这种含 $2CaO \cdot SiO_2$ 相的镁质耐火材料是固-固接触程度相当高的一类碱性耐火材料，具有较佳的抗渗透性能。

减少熔渣渗透进入镁质耐火材料结构中的另外的方法是配料中添加 Cr_2O_3 或者 ZrO_2 以便使它们在使用条件下能有第二固相持续存在，因为这类耐火材料比无第二固相存在的同类耐火材料的渗透深度要小。

限制熔渣向耐火材料内部气孔中浸透最彻底的方法是向气孔中充填碳素物质，因为大部分典型冶炼炉渣均排斥碳。对于氧化物系耐火材料（传统配方耐火材料）来说，充填超过2%（质量分数）C时就能限制熔渣的浸透。而对于极个别的情况（细粉含量少或不含细粉），则需要充填更多的碳素物质。作为碳复合的氧化物系耐火材料，应当使其配方中碳的配入量最好是达到或者超过所减少氧化物那一部分的细粉含量。具体说来，就是用更多的碳素物质来代替已减去细颗粒那一部分量，以便提高材料的耐蚀性能。

4.3 耐火材料的熔解蚀损

4.3.1 耐火材料的熔解蚀损简介

当致密耐火材料同熔渣接触时，会导致其固相组分向熔渣中的熔解，如图4-9所示。图中示出 Al_2O_3 - MgO 耐火浇注料遇到高温熔渣时，发生 Al_2O_3 - MgO 之间的膨胀反应并生成 Spinel，由此便形成了 Spinel 挡墙，将耐火材料本体同熔渣隔开，结果使材料组分向熔渣中的熔解仅限于其表面。随着耐火材料向熔渣中的熔解，结果则导致熔渣与耐火材料接触的局部区域的密度发生变化，进而引起密度对流。显然，氧化物系耐火材料向熔渣中熔解反应的驱动力是熔解成分在熔渣中的浓度梯度，而熔解成分在熔渣中的扩散速度则是耐火材料熔解蚀损的控制环节。

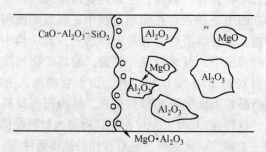

图4-9 铝-镁质耐火浇注料的熔损简图

另外，含碳耐火材料同熔渣相遇时，由于在钢液中原子氧具有强大的反应性，它在氧化性气氛中首先同 Fe、Mn、Ti 和 Cr 反应生成低价氧化物，诸如 O^{2-} - Me^{2+} 配合物；而当氧的压力大于 133kPa（100mmHg）时，含石墨耐火材料的损毁会骤然加剧。这样一来，含石墨耐火材料的损毁的第一阶段是石墨的氧化。与此同时，石墨氧化会在气孔中形成气体层，阻止熔渣浸透。

随着熔渣沿着耐火材料的气孔以及沿着在石墨和有机结合剂氧化后残碳处形成的大气孔向耐火材料内部浸透（图4-10），低黏度熔渣使生成的小晶粒润湿，并与复合耐火材料中的氧化物组分发生反应，沿着氧化物颗粒周边生成液相，由此而使这些颗粒从复合耐火材料基体上脱落下来而流入熔渣中。由于熔融物（液相）中存在 $O^{2-}-Me^{2+}$ 配合物，这便导致钢水和熔渣的表面张力降低，使基质中氧化物表面润湿的状况有所改善。在这一过程中，富集有被冲掉的氧化物之类的液相起着重要作用。

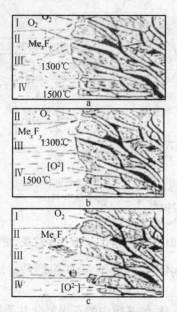

图 4-10 在钢水浇铸过程中，在损毁性
因素作用下渣线各部分损毁示意图

a—含碳组分氧化阶段；b—沿氧化物组分界面冲蚀阶段；c—基质颗粒冲掉阶段；
Ⅰ—空气；Ⅱ—造渣剂；Ⅲ—渣；Ⅳ—金属；画斜线部分—石墨；黑色部分—
耐火材料的氧化物、碳化物组分；灰色部分—粒状氧化物骨料；
$[O^{2-}]$—金属相的原子氧；Me_xF_y—气态氧化物

由此可见（图 4-10），石墨被气氛中的氧和熔渣中 Fe_nO 氧化以及氧化物向熔渣中的熔解连续交替进行便导致含石墨耐火材料的蚀损，其中石墨氧化是这类耐火材料损毁的重要控制环节之一。

武田太郎和野野部和男等人曾经采用转炉渣（$w(CaO)=42\%$、$w(SiO_2)=13\%$、$w(Al_2O_3)=9\%$、$w(TFe)=20\%$、$w(MgO)=8\%$、$CaO/SiO_2=3$）对 $MgO-C$ 砖进行了侵蚀试验研究，并用 EDX 对试

验后的试样工作面进行了成分分析，根据工作面至渣与试样界面各渣成分的变化研究了 MgO – C 砖的蚀损，认为其蚀损是按图 4 – 11 所示的模式进行的，并得出了以下结果（含碳耐火材料熔解蚀损的更详细内容留待后文再讨论）：

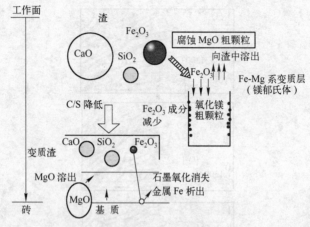

图 4 – 11　MgO – C 砖蚀损机理简图

（1）渣中的 Fe_2O_3 优先侵蚀 MgO 粗颗粒，形成镁郁氏固溶体，并溶入渣中。

（2）余下的 Fe_2O_3 使基质中的石墨氧化并消失。

（3）随着与砖界面接近的 CaO、SiO_2 变质为 CaO/SiO_2 比低的物质，并溶解基质中的 MgO。

4.3.2　耐火材料表面纯熔解过程

在等温条件下耐火材料表面进行单纯的熔解蚀损时，熔解速度取决于耐火材料本身的成分、生成液相的数量、液相特性和耐火材料组分对熔渣饱和浓度以及熔渣黏度，并随温度上升而增大。

由于耐火材料以熔解为主要方式蚀损属于较严格的物理化学过程，所以扩散具有重要意义。

由弗克（Fick）扩散第一定律可知，耐火材料向熔渣中的扩散速度（dn/dt）为：

$$dn/dt = DSdn/dx \qquad (4 – 23)$$

式中，dn/dx 是耐火材料在熔渣中沿 x 方向的浓度梯度；D 为扩散系数；S 为耐火材料与熔渣的接触面积。由于 D 的测定有困难，故可应用司托克斯－爱因斯坦关系式：

$$D = kT/(6\pi\eta r_a) \qquad (4-24)$$

式中，k 为玻耳兹曼常数；T 为绝对温度，K；r_a 为扩散成分的颗粒半径，cm。

式 4-24 是从球形颗粒在均一性介质中的简单情况下推导出来的，对硅酸盐和氧化物系统不一定可用，但 D 与 η 之间成反比例的关系却是可以肯定的。

如果用 δ 表示扩散层的厚度，那么耐火材料工作衬在扩散层中紧接其表面的熔解度（n_s 接近于饱和浓度）均匀下降到熔渣中的浓度 n（图 4-12），则扩散层中的浓度梯度为：

$$dn/dx = (n_s - n)/\delta \qquad (4-25)$$

代入式 4-24 中可得下式：

$$dn/dt = DS_c(n_s - n)/\delta \qquad (4-26)$$

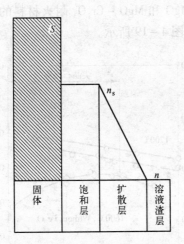

图 4-12 耐火材料的熔解模式图

4.3.3 耐火材料成分的熔解反应

我们知道，氧化物系耐火材料难以被金属熔液润湿。因此，在耐火材料－金属熔液以及耐火材料－熔渣系统中，氧化物系耐火材料成分会熔解于熔渣中而导致其蚀损，含碳耐火材料中的碳素也会熔解于金属熔体中而遭受破坏。

例如，当耐火材料在使用中同熔渣如废弃物熔融炉熔渣、熔融还原炉熔渣以及钢精炼炉特别是 AOD、RH－OTB 精炼的氧化期低碱度、高氧化铁浓度的熔渣等接触时所导致的损毁形态，主要是由于耐火材料成分向熔渣中的化学熔解所造成的化学熔损。通常，熔解成分在熔渣相中的物质迁移过程控制其熔解蚀损的反应速度。

一般认为，耐火材料熔解成分在熔渣相本体中的饱和浓度 n_s 是受熔渣相本体组成所控制的，陶再南和向井楠宏等人曾对此作过深入的研究。他们以与熔融还原炉熔渣和钢精炼炉（AOD、RH－OTB 等）精炼过程中氧化期低碱度、高氧化铁浓度的熔渣即相当于 CaO－SiO$_2$－Al$_2$O$_3$－FeO 系合成熔渣为侵蚀剂，研究了 MgO 和 MgO－Cr$_2$O$_3$ 耐火材料同熔渣反应的问题。查明了 CaO－SiO$_2$－Al$_2$O$_3$－FeO 系合成熔渣造成 MgO 和 MgO－Cr$_2$O$_3$ 耐火材料的化学熔损机理，其结果如图 4－13～图 4－19 所示。

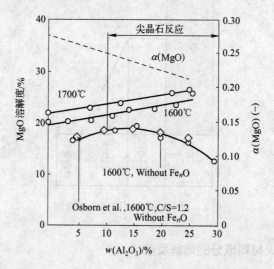

图 4－13　炉渣中 Al$_2$O$_3$ 浓度对 MgO 溶解度的影响

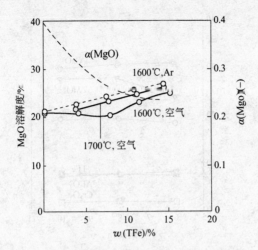

图 4 - 14 炉渣中 TFe 含量对 MgO 溶解度的影响

(从 MgO 炉渣系统反应计算的活度系数 $\alpha(MgO)$)

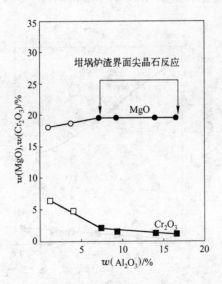

图 4 - 15 1600℃时镁铬质耐火材料熔渣系统中，

Al_2O_3 对 MgO、Cr_2O_3 平衡浓度的影响

(炉渣：$C/S = 1.0 \sim 1.1$，$TFe = 6.7\% \sim 7.8\%$)

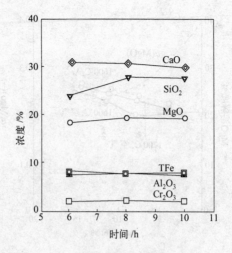

图 4-16 1600℃镁铬质耐火材料熔渣系统：Cr_2O_3、
Al_2O_3、TFe、MgO、SiO_2、CaO 浓度与时间的关系
（试验前熔渣成分：TFe = 10%，Al_2O_3 = 10%，C∶S = 10）

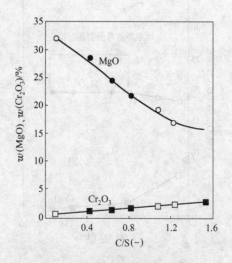

图 4-17 1600℃镁铬质耐火材料
熔渣系统中熔渣碱度 C/S 对 MgO、
Cr_2O_3 平衡浓度的影响

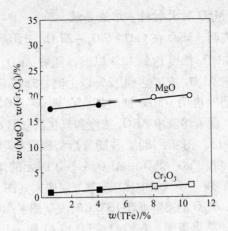

图 4-18 1600℃镁铬质耐火材料熔渣
系统中熔渣中的铁氧化物浓度 TFe
对 MgO、Cr_2O_3 平衡浓度的影响

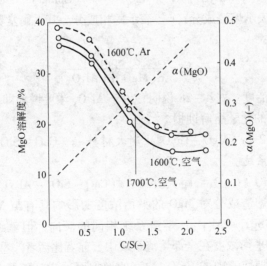

图 4-19 炉渣碱度对 [C/S] 对 MgO
溶解度的影响，从 MgO 熔渣系统
反应计算的活度系数 α(MgO)

（炉渣：TFe = 6.1% ~ 8.2% Al_2O_3 = 5.9% ~ 8.3%）

4.3.3.1 MgO 耐火材料–熔渣系统

图 4 – 13 表明，MgO 在 $CaO – SiO_2 – Al_2O_3$ 三元系熔渣中的熔解度，当熔渣中 Al_2O_3 浓度达到 12% 以前，随着 Al_2O_3 浓度的增加而提高；当熔渣中 Al_2O_3 浓度达到 12% 以上时，却随着 Al_2O_3 的增加而降低。该图同时表明：MgO 的溶解度在 $CaO – SiO_2 – Al_2O_3 – FeO$ 四元的熔渣中，随着熔渣中 Al_2O_3 浓度和氧化铁（TFe）浓度的增加而增大（图 4 – 13，图 4 – 18），并随着熔渣碱度的增加而减少（图 4 – 17）。此外，在 $CaO – SiO_2 – Al_2O_3 – FeO$ 四元的熔渣中，1600℃时，MgO 的溶解度在 Ar 气氛中比在空气气氛中大（图 4 – 18 及图 4 – 14）；1700℃时，MgO 的溶解度比 1600℃时大（图 4 – 18 及图 4 – 14）。

XRD 鉴定的结果表明，在 $CaO – SiO_2 – Al_2O_3 – FeO$ 四元系熔渣中没有新物相生成，但在 $CaO – SiO_2 – Al_2O_3$ 三元系熔渣中，当熔渣中 Al_2O_3 浓度达到 12% 以上时，却有新物相——Spinel 生成（图 4 – 13 及图 4 – 15），其反应式为：

$$(Al_2O_3) + (MgO) = [Spinel] \qquad (4 – 27)$$

式中，（）表示熔渣成分；[ ] 表示固相成分。其平衡常数 K_{4-27} 由下式计算：

$$K_{4-27} = \frac{\alpha[Spinel]}{\alpha[MgO]\,\alpha[Al_2O_3]} \qquad (4 – 28)$$

式中，α 为活度。式 4 – 28 说明，由于 Al_2O_3 浓度增加即可抑制 MgO 质耐火材料的化学熔解蚀损。

4.3.3.2 （$MgO – Cr_2O_3$）耐火材料 – （$CaO – SiO_2 – Al_2O_3 – FeO$）熔渣系统

在（$MgO – Cr_2O_3$）耐火材料 – （$CaO – SiO_2 – Al_2O_3 – FeO$）熔渣系统中，熔渣成分对 MgO 的平衡浓度的影响具有与 MgO 耐火材料 –（$CaO – SiO_2 – Al_2O_3$）熔渣系统相同的倾向，但就绝对数值而言，MgO 的平衡浓度在全部熔渣组成中，前者比后者小些。Al_2O_3 的平衡浓度则随熔渣中的 Cr_2O_3 浓度的增加而减少，随氧化铁浓度和熔渣碱度的增加而增大。

通过观察和分析平行实验结果后的 $MgO – Cr_2O_3$ 耐火材料 – 熔渣界面的组成表明，当熔渣中 Al_2O_3 浓度达到 12% 时，实验前存在

$MgO - Cr_2O_3$ 耐火材料中的 $MgO \cdot Cr_2O_3 - MgO \cdot Al_2O_3$ 尖晶石固溶体（简称复合 $Spinel_{ss}$）在 $MgO - Cr_2O_3$ 耐火材料－熔渣界面附近消失了，只有方镁石粒子与熔渣接触。当熔渣中 Al_2O_3 浓度超过 7.5% 时可形成复合 $Spinel_{ss}$ 粒子集中的尖晶石层，此时 TFe 浓度为 0.6% ~ 10.6%。这种 $Spinel_{ss}$ 层随渣中的 Al_2O_3 浓度的增加，碱度和氧化铁（TFe）浓度的降低而增厚。其结果即会抑制 $MgO - Cr_2O_3$ 耐火材料的化学熔解所造成的蚀损。

在熔渣中 Al_2O_3 浓度超过 7.5% 时，熔渣中 Al_2O_3 与 $MgO - Cr_2O_3$ 耐火材料中的 $MgO - Cr_2O_3$ 反应生成 $MgO \cdot Al_2O_3$（$Spinel_{ss}$）：

$$[MgO - Cr_2O_3] + (Al_2O_3) = (Cr_2O_3) + [Spinel] \qquad (4-29)$$

其反应平衡常数 K_{4-29} 为：

$$K_{4-29} = \frac{\alpha(Cr_2O_3)\alpha[Spinel]}{\alpha[MgO - Cr_2O_3]\alpha(Al_2O_3)} \qquad (4-30)$$

生成的 $Spinel$ 被认为是由 $MgO - Al_2O_3$、$MgO - Cr_2O_3$ 和氧化铁构成的理想固溶体（$Spinel_{ss}$），具有抑制 $MgO - Cr_2O_3$ 耐火材料向熔渣中熔损的作用。

4.4 熔渣渗透对耐火材料熔解蚀损的影响

前面对耐火材料表面向熔渣中的纯熔解蚀损作了讨论，但它只适合热压耐火陶瓷件、熔铸耐火制品、超致密耐火制品和能在高温时生成含高黏度液相的耐火制品等特殊耐火材料的情况。在这种情况下，耐火材料与熔渣接触的表面积最小，表明它们在一定的高温条件下具有良好的抗化学侵蚀性能。正是基于这一观点，所以耐火材料的生产工艺过程总是把注意力放在谋求材料的最大密度上。为了达到这一目标，通常的作法是通过选用最理想的颗粒组成，增加成型压力和提高烧成温度（对于烧成耐火制品而言）或者通过优化颗粒分布（PSD），正确选用结合系统以及超细粉的应用等（对于耐火浇注料而言），以便能使耐火材料获得更好的综合性能，从而达到找出有害介质进入耐火材料内部的限度和减少有害介质同耐火材料成分之间反应表面的限度之目的。

然而，绝大多数氧化物系耐火材料都存在较高的气孔率，即便

选用最好级别的物料为原料并按上述工艺要求进行生产所获得的
耐火材料（砖），其显气孔率也仍在 10% ~ 20% 。显然，在高温使
用条件下，液态侵蚀剂和有害气体都将浸透进入耐火材料内部，
如图 4 - 20（参见图 4 - 19）所示。它是由众多显微镜下观察所证
实的结果。这种侵蚀现象还会因小直径气孔产生的毛细管效应而
加剧。图 4 - 21 示出了耐火材料成分在熔渣界面处的浓度变化
情况。

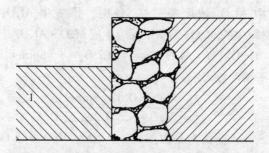

图 4 - 20   液态侵蚀剂对耐火材料侵蚀过程示意图
1—炉渣

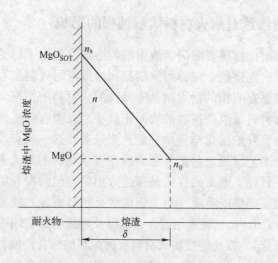

图 4 - 21   耐火物与熔渣界面浓度

对于粒状多孔耐材火材料来说，式 4 - 26 中 S 应等于熔渣同耐

火材料接触的表观面积 S_0 减去开口气孔所占的那一部分表观表面积 εS_0（ε 为耐火材料显气孔率，考虑到气孔壁容易被熔渣破坏，因而认为 ε 可近似地代表总气孔率）再加上浸透熔渣与被熔渣浸透的气孔内壁那一部分表现面积 $(2\varepsilon S_0 L_p / r)$；

$$S = S_0(1 - \varepsilon + 2\varepsilon L_p / r) \tag{4-31}$$

式中，L_p 为熔渣浸透深度；r 为耐火材料平均气孔半径；ε 为耐火材料的全气孔率（因为显气孔率可近似地用全气孔率代替）。

将式 4-31 代入式 4-26 中并考虑到气孔率对耐火材料熔解蚀损反应速度的影响，可得下式：

$$(1/S_0) \mathrm{d}n/\mathrm{d}t = D(1 - \varepsilon + 2\varepsilon L_p / r)$$
$$(n_s - n)/[\delta(1 - \varepsilon)] \tag{4-32}$$

在 ε 较低时，$1/(1 - \varepsilon) \approx 1 + \varepsilon$，$\varepsilon \gg \varepsilon^2$，则式 4-32 可变为：

$$(1/S_0) \mathrm{d}n/\mathrm{d}t \approx K_c(n_s - n) \tag{4-33}$$

式中，K_c 称为耐火材料熔解蚀损反应速度系数，$K_c = D(1 + 2\varepsilon L_p / r)/\delta = K_e(1 + 2\varepsilon L_p / r)$；$K_e$ 为耐火材料表面纯熔解蚀损反应速度系数。式 4-33 表明，提高 ε 值和增加 L_p 值都会使 K_c 增大而加速耐火材料熔解蚀损过程。

如果被熔渣浸透的开口气孔不扩径，那么浸透熔渣达到饱和的时间 t_s 与扩散系数的关系由式 4-20 给出。设熔渣浸透达到深度 L_p 的时间 $t = m^2 t_s$，则由式 4-7 和式 4-20 得到：

$$L_p / r = 2mD^{-1/2}k_p \tag{4-34}$$

式中，$m = (t/t_s)^{1/2} = (Dt)^{1/2}/(2r)$；$t$ 为熔渣浸透时间；t_s 为浸透进入气孔中的熔渣被耐火材料成分饱和的时间；$k_p = K_p^{1/2}$。将式 4-34 代入式 4-33 得：

$$(1/S_0) \mathrm{d}n/\mathrm{d}t \approx K_e(1 - \varepsilon + 2\varepsilon L_p / r)(n_s - n)$$
$$= K_e(1 + 4m\varepsilon D^{-1/2}k_p)(n_s - n) \tag{4-35}$$

式中，k_p 为熔渣向耐火材料内部气孔中渗透的深度系数，它是熔渣向耐火材料内部气孔中渗透的渗透系数 K_p 系数的平方根。

由式 4-35 看出：

（1）当 $\varepsilon = 0$ 时，$K_c = D/\delta = K_e$，即致密固体材料的熔解蚀损反

应速度系数等于其表面的纯熔解蚀损反应速度系数。

(2) 当 $k_p = 0$ 时，由于 S 相当于 S_0，所以非渗透的多孔耐火材料的熔解蚀损反应速度系数等于表面纯熔解蚀损反应速度系数。

(3) 由于 K_c 与 K_e 成正比，$K_e = D/\delta$，所以可通过选择难熔材质或/和选择耐火材料熔解成分能以微粒状颗粒悬浮于熔渣中或者进行熔渣控制等技术以便减小 D 值（即增大黏度）和/或增大 δ 值，便可明显地抑制耐火材料的熔解蚀损。

在等温条件下，K_c 为常数，t 由 $0 \rightarrow t$，则 n 由 $0 \rightarrow n$ 积分式 4 - 35 得到耐火材料熔解蚀损量等于：

$$(n - n_0) = (n_s - n_0)[1 - \exp(- K_c S_0 t)] \qquad (4 - 36)$$

在升温条件下，对于一般的熔解蚀损反应速度系数可写成：

$$K_c = K_0 \exp(- E/RT) \qquad (4 - 37)$$

式中，K_0 为常数；E 为扩散活化能；R 为气体常数；T 为绝对温度。如果以等速进行升温操作，可令 $\mathrm{d}T = a\mathrm{d}t$（$a$ 为常数）代入式 4 - 33 积分，若忽略低温的影响，可得下式：

$$(n - n_0) = (n_s - n_0)[1 - \exp(- K_c S_0 RT/aE)] \qquad (4 - 38)$$

图 4 - 22 示出了温度对 $Al_2O_3 - SiO_2 - C$ 系中 A、B、C 三种耐火砖被侵蚀影响的实例。

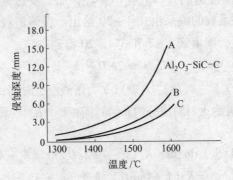

图 4 - 22   温度对 $Al_2O_3 - SiC - C$ 系中
A、B、C 三种砖被侵蚀情况

通过以上讨论可以得出：对于多孔耐火材料来说，只要降低其气孔率和/或熔渣浸速度系数 K_p，使 K_c 尽量接近甚至达到 K_e，就能抑制耐火材料的熔解蚀损，延长其使用寿命。同时选用难熔耐火材料（即溶解度小也就是溶解速度低的材质）还可进一步提高使用寿命。

耐火材料成分向熔渣中的熔解蚀损过程，除了其表面纯熔解蚀损过程之外，而由熔渣浸透进入耐火材料内部气孔中所导致的内部熔解反应更会加剧其成分向熔渣中的熔解蚀损过程。

通过对大量实验数据的综合分析和研究得出：耐火材料成分向熔渣中的熔解蚀损反应速度系数 K_c 往往随熔渣浸透深度系数 k_p 的增大按指数规律变化，即：

$$K_c = a\exp(bk_p) \tag{4-39}$$

式中，a 和 b 为常数。

当 $bk_p < 1$ 时，下式成立：

$$K_c \approx a(1 + bk_p) \tag{4-40}$$

对比式 4-33 和式 4-40 可得：

$$a = Ke = D/\delta$$
$$b = 4m\varepsilon D^{-1/2} \tag{4-41}$$

将式 4-41 代入式 4-39 得到下式：

$$K_c = K_e\exp(4m\varepsilon D^{-1/2}k_p) \tag{4-42}$$

式 4-42 表明在耐火材料-熔渣系统中，耐火材料向熔渣中的熔解蚀损反应系数 K_c 和表面纯熔解蚀损反应系数 K_e 同熔渣浸透进入耐火材料结构中的气孔内的浸透深度系数 k_p 之间的关系，为评价熔渣浸透对耐火材料向熔渣中的熔解蚀损反应的影响提供了理论依据。

余仲达和向井楠宏等人由实验得出镁砖（表 4-3）-（FeO-CaO-SiO$_2$）熔渣（表 4-4）系统满足式 4-39 中的常数 $a = 3.45 \times 10^{-5}\text{cm/s}$，$b = 15.3\text{s}^{1/2}/\text{cm}$。在这种条件下式 4-39 变为（图 4-23）：

$$K_c = 3.45 \times 10^{-5}\exp(15.3k_p) \tag{4-43}$$

由式 4-39 和式 4-40 可得到镁砖-（FeO-CaO-SiO$_2$）熔渣系统中 $m\varepsilon$ 值为：

$$m\varepsilon = 15.3D^{1/2}/4 = 15.3 \times (15 \times 10^{-5})/4$$
$$= 1.48 \times 10^3 \tag{4-44}$$

表4-3 镁砖和镁铬砖的特性

砖 号		A	B	C	D	E
化学成分 （质量分数）/%	MgO	98.34	98.73	95.33	68.84	68.21
	Cr_2O_3	0	0	0	21.50	21.55
	ZrO_2	0	0	3.95	0	0
	SiO_2	0.21	0.08	0.15	0.39	0.62
	Al_2O_3	0.15	0.13	0.14	3.61	3.77
	Fe_2O_3	0.2	0.19	0.19	5.03	5.12
	CaO	1.10	0.87	0.24	0.63	0.73
表观密度/kg·m⁻³		3505	3493	3628	3764	3761
体积密度/kg·m⁻³		3017	3030	3188	3206	3208
真密度/kg·m⁻³		3608	3609	3709	3895	3889
显气孔率/%		13.90	13.27	12.11	14.82	14.70
平均气孔径/μm		1.889	2.299	6.027	9.573	7.044

表4-4 炉渣的特性

炉 渣		1号	2号	3号	4号	5号
化学成分 （质量分数）/%	CaO	51.08	47.38	50.02	46.39	42.07
	SiO_2	47.22	44.10	23.49	18.23	16.60
	CaF_2	0	6.96	25.42	5.21	9.08
	Al_2O_3	0.99	0.94	0.76	29.83	31.70
	MgO	0.71	0.62	0.41	0.34	0.55
黏度/Pa·s		0.265	0.161	0.02	0.121	0.107
CaO/SiO_2（质量比）		1.08	1.07	2.13	2.54	2.53
表面张力/N·m⁻¹		0.475	0.42	0.34	0.45	0.43
接触角/(°)		0	0	0	0	0

这里取 MgO 在 1678K 时的（FeO - CaO - SiO₂）熔渣中的 D_m = 1.5×10^{-5}（cm²/s）。

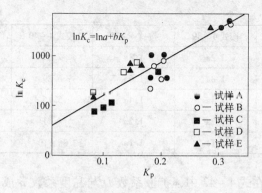

图 4 – 23 镁质熔渣系统中损蚀反应的对数图

按式 4 – 39 和式 4 – 40 以及式 4 – 37 分别计算的 bk_p 值列入表 4 – 5 中。它表明在 $bk_p \geqslant 1.5$ 时，随着 bk_p 值的增大，K_c 值成指数迅速增大，尤其是在 $bk_p \geqslant 3$ 时便更是如此。相反，在 $bk_p < 1.5$ 时，随着 bk_p 值的减小，K_c 值也较小，因而说明，当 $bk_p < 1.5$ 时，熔渣浸透所导致的耐火材料内部的熔解蚀损反应加剧其蚀损过程受到抑制。

表 4 – 5 K_c 值的计算

bk_p	按式 4 – 39	按式 4 – 35	按式 4 – 40	K_c
9. 18	9701. 2a		33468. 98	0. 6
7. 65	2100. 6a		2100. 65	0. 5
6. 12	454. 9a		1569. 28	0. 4
4. 59	98. 5a		339. 81	0. 3
3. 06	21. 3a		73. 58	0. 2
2. 29	9. 9a		34. 29	0. 15
1. 53	4. 6a		15. 93	0. 10
1. 38	4. 0a		13. 67	0. 09
1. 22	3. 4a		11. 73	0. 08
1. 07	2. 9a		10. 07	0. 07
1. 00	2. 7a		9. 38	0. 065

bk_p	按式 4 – 39	按式 4 – 35	按式 4 – 40	K_c
0.80	2.2a	1.8a	7.69	0.052
0.60	1.8a	1.6a	6.29	0.039
0.40	1.4a	1.4a	5.15	0.026
0.20	1.2a	1.2a	4.21	0.013
0.10	1.1a	1.1a	3.86×10^{-5}	0.007

另外, 在式 4 – 42 中, 扩散系数 D 与黏度系数 η 成反比, 可以写成:

$$D = D_o/\eta \tag{4 – 45}$$

式中, D_o 为常数, 而渗透系数 K_p 由式 4 – 15 求得, 将 D 和 K_p 代入 K_c 中得到式 4 – 46:

$$K_c = K_e \exp\left[A\varepsilon(r\sigma\cos\theta)^{1/2}\right] \tag{4 – 46}$$

式中, A 为常数, $A = 2^{3/2}m/D_o^{1/2}$。该式表明耐火材料的气孔率 ε 和平均气孔半径 r 对耐火材料向熔渣中的熔解蚀损反应速度系数的影响, 是评价耐火材料熔解蚀损的理论基础。

进一步, 根据扎格 (Zager) 公式, 耐火材料平均气孔半径 r 由下式求出:

$$r = (8K/p_a) \tag{4 – 47}$$

式中, K 为透气度, μm^2; p_a 为耐火材料的显气孔率, 考虑到耐火材料的封闭气孔较少, 因而可以用全气孔率 ε 近似地取代式 4 – 47 中的 p_a, 并将 r 代入式 4 – 46 中得:

$$K_c = K_e \exp(A'\varepsilon^{3/4}K^{1/4}\sigma^{1/2}\cos^{1/2}\theta) \tag{4 – 48}$$

式中, A' 为常数, $A' = 2^{3/4}A$。式 4 – 48 为评价耐火材料气孔率和透气度对熔解蚀损反应的影响提供了重要依据。

对于氧化物系耐火材料 – 炼钢熔渣系统来说, σ 值变化范围不大, 大致为 $\sigma = 4 \times 10 N/cm \sim 6 \times 10 N/cm$, 而转炉渣同碱性耐火材料的接触角在 1400℃ 以上时, θ 在 $0° \sim 30°$, 因此 $\cos\theta = 1 \sim 0.86$。这样, 式 4 – 42 和式 4 – 48 即可用下列公式表达:

$$K_c \approx K_e \exp(A_1 \varepsilon r) \qquad (4-49)$$

$$K_c \approx K_e \exp(A_2 k_p \varepsilon) \qquad (4-50)$$

式中，A_1 和 A_2 均为常数。

至此，我们对式 4-35 及式 4-42 中的 k_p 作如下说明。

（1）当 $k_p = 0$ 时，也就是：

$$r \cos\theta 2 b^2 \eta R_p^2 = 0 \qquad (4-51)$$

可得不发生熔渣浸透的条件是：

$$r = 0$$

和/或

$$\cos\theta = 0$$

和/或

$$\eta \to \infty \qquad (4-52)$$

在这三个条件中只要有一个条件得到满足，熔渣浸透现象便不会发生。也就是：

1）$r = 0$ 时，即无气孔固体材料不会发生内部熔解反应加剧耐火材料熔解蚀损的问题。在实际使用发现，对于多孔耐火材料-熔渣系统来说，在炼钢温度范围内，熔渣难以浸透进入气孔半径小于 $1\mu m$ 的氧化物系耐火材料的开口气孔中。

2）$\cos\theta = 0$，即 $\theta \geq \pi/2$ 时，表明具有非浸透性能的耐火材料特别是碳复耐火材料通常都不会发生熔渣浸透的现象。

3）$\eta \to \infty$，说明高黏度熔渣难以浸透进入耐火材料的开口气孔中。这可通过熔渣控制实现，也可通过选择含有高黏度液相的耐火材料来实现。

（2）当 $k_p > 0$ 时，即会发生熔渣浸透进入耐火材料的开口气孔中，加剧耐火材料熔解蚀损问题的发生。

1）由表 4-5 可见，当 $bk_p \geq 1.5$ 时，K_c 随着 bk_p 值的增加成指数倍迅速增大，从而导致耐火材料成分急剧熔解蚀损。因此，在耐火材料的配方设计和制定生产工艺时应避免这种情况发生。

2）当 $bk_p < 1.5$ 时，随着 bk_p 值的增加，K_c 值的增大幅度很小，而且其值也小，这表明在耐火材料的配方设计和制定生产工艺时应尽量控制 bk_p 值。特别是 $bk_p < 1$ 时，K_c 随着 bk_p 值的下降几乎成直线减小，这可显著限制耐火材料的熔解蚀损，说明在耐火材料的配方设计和制定生产工艺时最好选择 $bk_p < 1$ 的条件。在这种情况下，

由式4-42可知,下述不等式成立:

$$(4mD^{-1/2})\varepsilon k_p < 1 \qquad\qquad (4-53)$$

该式说明,通过降低耐火材料气孔率 ε 和减小熔渣浸透深度系数 k_p 均可限制耐火材料熔解蚀损。

例如,添加 $CaCO_3$ 的 $MgO-Cr_2O_3$ 砖(直接结合 $MgO-Cr_2O_3$ 砖),当气孔率不大于15%时,其蚀损率均较小,见图4-24。事实上,多孔耐火材料的气孔率为7%~10%的高密度耐火材料具有最佳的抗蚀性能。

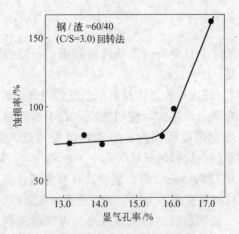

图4-24 蚀损率与显气孔率的关系
(烧成含有 $CaCO_3$ 的 $MgO-Cr_2O_3$ 质试样)

又如,碳复合碱性耐火材料的蚀损反应速度同显气孔率之间存在图4-25的关系。图中表明,在相同的试验条件下,该耐火材料的蚀损速度随显气孔率的上升呈指数倍增加。(回转试验法,侵蚀剂中 SiO_2 含量为16.6%, Al_2O_3 含量为4.5%, Fe_2O_3 含量为15.1%, MgO 含量为8.21%, MnO 含量为40.6%)

(3)根据 $K_e = D/\delta$,并考虑到扩散系数 D 与黏度 η 之间存在反比关系时即可知道,通过熔渣控制便能降低耐火材料熔解蚀损速度(因为 η 变大,则减小了 K_e)。

(4)选择难熔的材质(n_s 小)或熔解成分能形成微粒悬浮于熔渣中的耐火材料都可降低耐火材料的熔解蚀损。

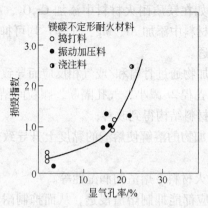

图 4-25 镁碳质耐火材料显气孔率和
损毁速度之间的关系

通过以上讨论可以得出如下结论：

耐火材料的熔解蚀损速度系数（K_c）、表面纯熔解蚀损速度系数（K_e）和熔渣浸透深度系数 k_p（$k_p = K_p^{1/2}$，K_p 为熔渣浸透速度系数）之间的关系可用式 4-39 充分表达，而当 $bk_p < 1$ 时便可用式 4-40 近似表达。

在耐火材料-熔渣系统中，如果 $\varepsilon = 0$ 或者 $K_p = 0$ 即 $r = 0$ 或/和 $\cos\theta = 0$ 或/和 $\eta \to \infty$，那么耐火材料仅以表面纯熔解蚀损方式进行熔解蚀损反应，通过提高熔渣黏度或者选择含有高黏液相的耐火材料可限制材料的熔解蚀损反应，提高使用寿命。

在 $\varepsilon \neq 0$，$k_p \neq 0$，也就是 $k_p > 0$ 时，熔渣浸透所导致耐火材料内部的熔解反应会以指数倍的速度加剧材料的熔解蚀损反应。在这种情况下，$bk_p < 1.5$ 时，K_c 值较小，表明耐火材料的熔解反应已受到限制。尤其是在 $bk_p < 1$ 时，K_c 值随 k_p 的减小几乎呈直线下降。根据式 4-46，只要（1）减小 r，（2）增大 θ，（3）增大 η，（4）加大 R_p，就能限制耐火材料的熔解蚀损。当然，选择难熔（n_s 小）的主原料也是限制耐火材料的熔解蚀损，提高使用寿命的重要途径。

抑制熔渣浸透，多采用在耐火材料中添加特殊物质的方法。添加物中有金属（如 Al、Mg、Si、Mg-Si 等）、碳和碳化物（如精细炭、石墨、SiC、BC 等）以及添加使骨料组织稳定的物质或/和使熔渣改质的物质（如在镁质耐火材料中添加 Cr_2O_3、ZrO_2、$CaCO_3$ 等，向 $MgO-C$ 耐火材料中添加 Al、Mg、Si 等）均可抑制熔渣向耐火材料内部气孔中浸透。

上述这些添加物通过骨料和/或气相反应而导致：

（1）平均气孔径 $2r$ 减小，气孔隔断，颗粒间结合生长，骨料组织稳定等使耐火材料结构得到改善；

（2）由于添加物的溶解使熔渣的黏度上升导致熔渣改质（熔渣控制）；

（3）改变耐火材料 - 熔渣间润湿性等。

所有上述效应都能抑制熔渣浸透，从而抑制耐火材料的熔解蚀损。虽然这些添加物对耐火材料的熔解蚀损本身也有抑制作用，但这些添加物对耐火材料熔解蚀损的抑制作用主要还是起因于对熔渣浸透的抑制。

作为选择难熔（n_s 小）的耐火材料提高使用寿命的实际例子有 $CaO-SiO_2$ 系熔渣选用 $MgO-CaO-C$ 或者选用 $MgO-CaO$ 耐火材料；$CaO-Al_2O_3$ 系熔渣选用 $MgO-C$ 耐火材料；废弃物熔融渣选用 $Al_2O_3-Cr_2O_3$ 耐火材料，为了避免六价铬对环境的危害，可选用 $MgO-Al_2O_3-ZrO_3$ 耐火材料等。

4.5 渗透和侵蚀平衡的最佳组成设计

通常，耐火材料是由各种陶瓷颗粒和细粉（基质）组成，并含有气孔不规则分布的复杂集合体，如图 4-26 所示。当它们同熔渣接触时，熔渣浸透进入其开口气孔中之后所产生的内部熔解蚀损过程会促进耐火材料向熔渣中的熔解蚀损反应；同时，熔渣浸透还会导致在材料工作面产生很厚的变质层而产生结构剥落，如图 4-27 所示。这种结构剥落往往成为耐火材料超前损毁的原因。其原因是浸透成分同耐火材料反应，使被浸透区域变得疏松而容易被冲击流腐蚀以至于被消耗掉，结果则导致耐火材料进一步暴露，而使未被浸透部分进一步受到化学侵蚀。相反，如果被浸透部分没有消耗掉，就会由于温度梯度而导致结构剥落的发生。这个温度差 ΔT 可按下述方法求得。如图 4-28 所示，一块矩形耐火砖，被浸透部分的厚度

（深度）为 L_{cp}，由于与原砖层的线膨胀系数和 E 模数不同，温度变化将导致交界面处产生一个剪应力 τ：

$$\tau \sim (\Delta\alpha\Delta T L_{cp}/L)[V_1 E_1/(1-\mu_1)][V_2 E_2/(1-\mu_2)]/$$
$$[V_1 E_1/(1-\mu) + V_2 E_2/(1-\mu_2)] \quad (4-54)$$

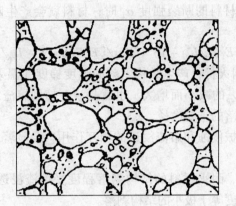

图 4-26 耐火材料的典型组织结构

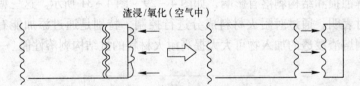

图 4-27 剥落掉片示意图

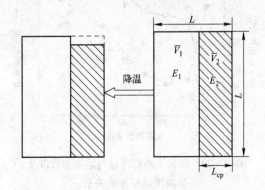

图 4-28 被渗透耐火材料应力的形成

由图 4-28 可知：

$$V_1/V_2 = (L - L_{cp})/L_{cp} = (L/L_{cp}) - 1 \qquad (4-55)$$

将式 4-55 代入式 4-54 中得到下式：

$$\tau \sim E_1 E_2 (1 - L_{cp}/L) \Delta\alpha \Delta T L_{cp} / [E_1(L/L_{cp} - 1) + E_2] \qquad (4-56)$$

当 τ 超过材料的断裂强度 σ_f 时，材料就会产生断裂（剥落）。因此 ΔT 等于：

$$\Delta T = \sigma_f [E_1(L/L_{cp} - 1) + E_2] / [E_1 E_2 \Delta\alpha (1 - L_{cp}/L)] \qquad (4-57)$$

式中，ΔT 为耐火材料产生结构剥落的温度梯度（温差）。式 4-57 表明，ΔT 随 L_{cp} 的减小而增大。也就是说，抑制熔渣浸透是限制耐火材料结构剥落的重要途径。

这种由机械侵蚀和熔渣浸透的相互作用，会显著地加快耐火材料的损毁。

早就发现，耐火材料的结构剥落程度受熔渣浸透深度的限制，极小的浸透深度等于极小的结构剥落。

熔渣向耐火材料内部气孔中的浸透对耐火材料的熔解、变质等熔解蚀损和结构剥落有影响，如图 4-29 ~ 图 4-31 所示。这三幅图同时表明，通过对耐火材料成分进行控制，特别是通过添加能有效限制熔渣浸透的加入物可大大提高耐火材料的抗结构剥落性能。

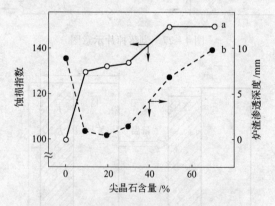

图 4-29 添加尖晶石含量与熔损指数以及
炉渣渗透厚度的关系

a—蚀损指数；b—炉渣渗透深度

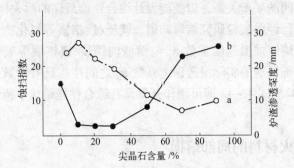

图4-30 对 LD 炉渣来说，理论尖晶石
含量与耐侵蚀情况之间的关系
a—蚀损指数；b—炉渣渗透深度

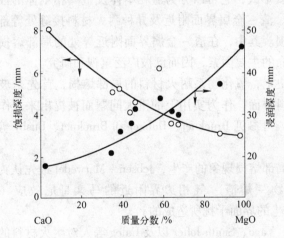

图4-31 镁白云石砖于渣蚀试验后蚀损
深度与浸润深度的关系

能有效限制熔渣向耐火材料内部气孔中浸透的加入物的不足之处是，随着其添加量的增加会导致耐火材料的抗蚀性下降。由二元背向法则可知，耐火材料抗蚀性随其抗浸透性的改善而降低（图4-29～图4-31），所以需要确定抑制熔渣浸透深度的限度，以便为开发综合性能最佳的耐火材料提供设计依据。也就是说，为了平衡耐火材料的抗蚀性和抗浸透性，就必须找出其熔解蚀损速度和熔渣浸

透深度之间的平衡关系，以便能设计综合性能最佳的耐火材料品种。

现在已经由实验研究结果知道，镁质/镁铬质等氧化物系耐火材料的实际熔解蚀损速度常数 K_c 与熔渣向镁质/镁铬质等氧化物系耐火材料内部浸透的实际浸透深度系数 k_p 之间往往具有指数关系，参看式 4-42。式 4-42 即可用作开发具有综合性能最佳平衡的耐火材料的依据。

4.6 耐火材料的局部熔损

4.6.1 局部熔损研究的简单回顾

耐火材料成分向熔渣/金属中进行化学熔解是造成其损毁（蚀损）的重要形式，它可以分为渣相本体及金属相本体的蚀损和在渣表面附近、渣－金属界面附近及异种耐火材料接缝处等部位所产生的局部熔损。其中，在渣－金属界面附近等处的局部熔损是影响耐火材料寿命的主要因素，因而已被广泛重视和研究。

在历史上，氧化物系耐火材料的局部熔损，首先是玻璃熔化罐用耐火材料方面，作为实用上的重大问题而被提出来。作为当时的研究成果，可参见 Bruckner、Dunkel 和 Brucknet、Busby 等人的论文资料。

关于局部熔损现象的产生，Jebsen - Marwedel 最先认为主要是由固体氧化物－熔渣－气相边界附近的马栾哥尼效应（Marangoni Effect）产生的界面干扰所造成的。

后来，Vago、Smith loffer 以及 Caleg 等人对耐火材料的局部熔损进行了研究，并对局部熔损产生的原因作出了不同的解释。

早在 20 世纪 80 年代末向井楠宏就对以往关于耐火材料局部熔损研究的成果进行了系统的归纳和整理。他指出，在玻璃工业领域已经掌握了在高温熔体的容器内使用的耐火材料，在耐火材料－熔渣－气相这三相边界附近等产生的局部熔损现象（简称局部熔损），在金属工艺学的范围内也掌握了实验室规模的坩埚等方面的若干例子，并将在金属冶炼，特别是在钢铁冶炼过程中使用的耐火材料在熔渣表面（水平）、熔渣－金属界面或异种耐火材料接缝等方面产生的局部熔损例子归纳列成表4-6。同时还将这些局部熔损例子进行了简单分析和介绍。归纳起来认为，在耐火材料的局部熔损大的部位，可以看做马栾哥尼效应，侵蚀等所产生的本质作用的界面现象。他同时指出，如果对界面张力作用的含义作进一步研究和分析的话，那么耐火材料的局部熔损的概念就会更加清楚。

表4-6　钢铁冶炼过程使用的耐火材料的局部熔损

部　位	耐火材料	主要成分
熔渣-表面	氧化物 高炉出铁槽材料	$MgO^①$、$Al_2O_3^①$、$SiO_2^①$、$ZrO_2^①$、$Al_2O_3 + SiC$
熔渣-金属界面	氧化物出铁槽材料 高炉出铁槽材料 连铸用浸入水口材料	$Al_2O_3^①$、$SiO_2^①$、$Al_2O_3 + SiC$、$Al_2O_3 + C$、ZrO_2
其他 a——不同种类砖的边界	MgO-C 砖（钢包渣线用）	
其他 b——同类砖的边界 砌缝 水口孔周围	$MgO-Cr_2O_3$ 砖（AOD 炉用） SN（滑动水口）板砖 （Ca 合金处理钢用）	

①仅在实验室规模试验中进行的观察。

不过，上面介绍的耐火材料局部熔损问题都是由致密的单一成分的固体氧化物耐火材料作为研究对象而并未涉及多成分、多孔实用氧化物系复相耐火材料。接着，陶再南和向井楠宏等人采用实用 $MgO-Cr_2O_3$ 复相耐火材料为研究对象，深入研究了它们在氩气气氛和1500℃时熔融还原炉渣表面及附近的局部熔损，以及在氩气气氛和1600℃时金属精炼炉渣的熔渣-金属界面附近的局部熔损。现在4.6.2节和4.6.3节中简单介绍。

4.6.2　渣表面附近的局部熔损

陶再南和向井楠宏等人曾经以 $MgO-Cr_2O_3$ 复相耐火材料（其试验特性见表4-7）为研究对象，采用浸渍法研究了它们在氩气气氛和1500℃时，$CaO-SiO_2-Al_2O_3-Fe_nO-MgO$（$CaO/SiO_2 = 1$）熔渣表面附近的局部熔损问题。

表 4 - 7 MgO - Cr₂O₃ 砖试验特性

性 质		A	B	C
化学成分 （质量分数）/%	MgO	70. 15	54. 57	38. 99
	Cr₂O₃	17. 11	30. 48	43. 85
	Al₂O₃	4. 38	5. 42	6. 45
	Fe₂O₃	7. 06	8. 54	10. 02
	SiO₂	0. 60	0. 55	0. 50
	CaO	0. 70	0. 45	0. 20
体积密度/g · cm⁻³		3. 23	3. 16	3. 11
显气孔率/%				

4. 6. 2. 1 局部熔损特性和渣模运动

通过观察发现，在试验结束后，$MgO - Cr_2O_3$ 试样在渣表面附近产生了局部熔损，其形态呈现局部凹陷，局部熔损最严重的位置位于渣表面上方局部熔损区域的中央部位。渣组成对试样局部熔损深度（ΔL_p）的影响如图 4 - 32 所示。不过，局部熔损深度 ΔL_p 却随着试样中 Cr_2O_3 含量的增加而减小（图 4 - 33）。由于 $MgO - Cr_2O_3$ 质

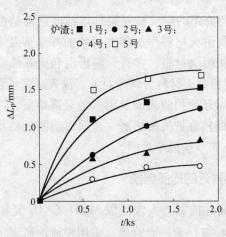

图 4 - 32 1500℃时镁铬试样 A 的局部侵蚀
深度与浸渍时间 t 的关系

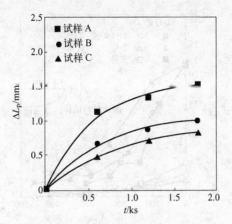

图 4-33　1500℃时试样在 1 号炉渣中
局部侵蚀深度与浸渍时间的关系

耐火材料同渣的润湿性良好，因而渣沿着试样表面上爬，在位于渣面上方形成约 6mm 渣膜，且运动活跃。然后又从上方沿着平面以粒状滴流，但随着时间延长而减缓。渣膜运动基本上是由棱角部位的上升流和平面部位的下降流所构成的流动模式。由于上升流的影响，炉渣堆积在渣模的上部，变厚了的渣模被重力推向下方，沿着平面连续地滴落，由于向下滴流而变薄的渣膜再次被其后面的持续上升流恢复到一定厚度，不断反复运动而造成了局部熔损。

4.6.2.2　渣膜表面张力分布和局部熔损

采用 EPMA 对渣膜表面成分进行了定量分析，其结果如图 4-34 所示。该图表明，沿着渣膜方向产生了 MgO、Cr_2O_3、Al_2O_3 等浓度梯度。可以说，该浓度梯度是随着 MgO-Cr_2O_3 耐火材料的熔解而产生的。

根据表 4-7 和图 4-34 中示出的渣膜表面组成的分析结果，运用 Boni 和 Derge 提出的公式（式 4-22），即可估算出沿渣膜的表面张力分布，其结果示于图 4-35 中。

图 4-35 表明，沿渣膜表面存在着表面张力梯度，且随着向渣膜上方延伸，其表面张力增大。显然，表面张力这一梯度是导致渣膜运动的主要原因。通常将渣膜的这种运动称为马栾哥尼对流。

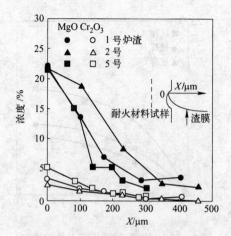

图 4 - 34 沿渣膜 Cr_2O_3 浓度的变化

（温度：1500℃；试样：A；浸渍时间：1.8ks）

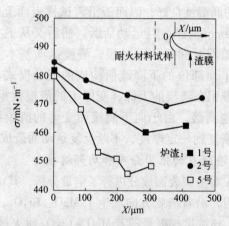

图 4 - 35 从表面张力系数估算的沿渣膜表面张力的变化

（温度：1500℃；试样：A；浸渍时间：1.8ks）

由此可见，渣膜的马兰哥尼对流是由与之接触的耐火材料成分熔解所引起的，它有效地促进了 MgO、Cr_2O_3 向熔渣本体进行物质迁移，从而导致局部熔损的发生。

4.6.2.3 局部熔损速度与马兰哥尼对流的强度

向井楠宏和原田力等人曾根据局部熔损速度 u_L（式 4 - 58）导

出了式 4 -59：

$$u_L = d(\Delta L_p)dt \qquad (4-58)$$

$$u_L = [2D\Delta C/(\rho_m\delta)]\exp[-2D\eta Z/(5\gamma/12 - 4\rho g\delta/15)\delta^3] \qquad (4-59)$$

式中，ΔL_n 为试样局部熔损深度；t 为浸渍时间；D 为耐火材料溶解成分的扩散系数；ΔC 为耐火试样 – 熔渣界面上耐火材料溶解成分的浓度（耐火材料成分的溶解度）C_s 和熔渣相本体中耐火材料溶解成分的浓度 C_0 之差；δ 为渣膜厚度；η 为熔渣黏度；Z 为距离局部熔损部位下端的距离；γ 为渣膜的表面张力梯度；ρ，ρ_m 分别为熔渣和耐火材料的密度。

式 4 -59 说明，渣膜的表面张力梯度 γ 增大时，局部熔损速度 u_L 加快。由该式可知，最大局部熔损深度的位置（$Z = Z_{max}$）的熔损速度 u_L 是 ΔC、δ、γ、ρ、D 和 η 的函数。

由图 4 -32 看出，由于局部熔损量 ΔL_p 对时间并非直线关系，即随着时间的延长，熔损速度 u_L 呈非直线增加。然而，在局部熔损初期，ΔL_p 与 t 的关系却可看成是近似直线。在这种情况下，u_L 则近似为常数。也就是说，ΔL_p 相对于 t 呈直线增加。因此，可根据局部熔损初期的表面张力梯度求出直线部分以内的最大局部熔损部位的平均熔损速度，其结果示于表 4 -8 中。至此，即可以 u_L 对 γ 作图得图 4 -36。由图 4 -36 看出，随着 γ 的增大，u_L 明显地表现出增大的倾向。说明这一结果同式 4 -59 中其他物理性能值相比，马栾哥尼对流的驱动力 γ 对 u_L 的影响占主导地位，定性地支持了式 4 -59 中 u_L 和 γ 的关系。

表 4 -8　试验前后渣的化学成分　（质量分数，%）

炉 渣	CaO	SiO$_2$	Al$_2$O$_3$	TFe	MgO	Cr$_2$O$_3$
1 号	40.00 34.77	40.00 36.22	8.0 15.73	10.00 …	0 4.03	0 0.45
2 号	34.86 31.97	34.86 34.03	17.43 22.92	10.00 …	0 2.16	0 0.35
3 号	37.42 …	37.42 …	18.17 …	5.00 …	0 …	0 …

炉渣	CaO	SiO₂	Al₂O₃	TFe	MgO	Cr₂O₃
4 号	34.02 ⋯	34.02 ⋯	17.10 ⋯	5.0 ⋯	8.51 ⋯	0 ⋯
5 号	43.00 34.62	43.00 41.28	0 12.52	10.00 ⋯	0 2.81	0 0.21

注：分子的数据为试验前渣的化学成分，分母的数据为试验后渣的化学成分。

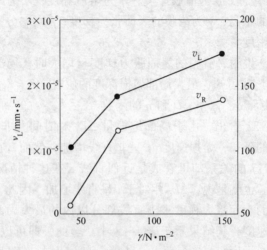

图 4 – 36 局部侵蚀速率 v_L，体积速率 $v_R = [v_{ml}/v_{mb}]$

与表面张力梯度的关系

（温度：1500℃；试样：A）

v_{ml}—渣膜平均相对速度；v_{mb}—熔渣对流平均速度

如果假定耐火材料本体熔损速度为 u_b，渣膜的平均相对速度为 u_{ml}，熔渣相本体的渣密度对流（伴随耐火材料成分的溶解，密度发生变化，在耐火材料和熔渣界面附近）所产生的平均相对速度为 u_{mb}，那就可以通过熔损速度与相对速度的关系导出下式：

$$u_L/u_b = (u_{ml}/u_{mb})^n = u_R^n \qquad (4-60)$$

式中，u_R 被定义为渣膜的相对速度（主要起因于马栾哥尼对流）和基于熔渣相本体中的渣密度对流的相对速度之比。指数 $n = 0.5 \sim 1.0$。由于 u_b 受到溶解耐火材料成分在熔渣一侧的物质迁移的影响，

所以 u_b 可用下式表示：

$$u_b = d(\Delta L_p)/dt = K_b(C_S - C_0)/\rho_m \qquad (4-61)$$

式中，K_b 为熔渣中耐火材料成分的物质迁移系数。在稳定状态且是熔损初期（熔损量较小）时，$K_b(C_S - C_0)$ 可视为一定值，所以 u_b 也是一定的。也就是说，熔损量相对于时间呈直线增加。通过应用类似于求 ΔL_p 的方法求出 ΔL_b 及 L_b 值，其结果一并列入表 4-9 中。同样，以 u_R 对 γ 作图得图 4-36。它表明相对速度 u_R 随着表面张力梯度 γ 的增加而增加，这也证实了向井楠宏等人导出的渣膜运动和渣膜表面的表面张力梯度的关系。在这种场合，渣膜的相对速度是密度对流的 56~139 倍。这也说明，主要由马㘰哥尼效应产生的渣膜运动对局部熔损速度的影响占据主导地位。

表 4-9 浸渍试验后 $MgO-Cr_2O_3$ 砖的侵蚀深度和侵蚀速率

炉渣	局 部 侵 蚀		整 体 侵 蚀	
	深度 ΔL_p/mm	速率 u_L/mm·s^{-1}	深度 ΔL_b/mm	速率 u_b/mm·s^{-1}
1 号	1.10	1.83×10^{-5}	0.102	0.17×10^{-5}
2 号	0.63	1.05×10^{-5}	0.090	0.16×10^{-5}
3 号	0.58	0.97×10^{-5}	—	—
4 号	0.31	0.52×10^{-5}	—	—
5 号	1.49	2.45×10^{-5}	0.128	0.21×10^{-5}

由以上讨论可得出如下结论：在（$MgO-Cr_2O_3$）耐火材料 - （$CaO-SiO_2-Al_2O_3-Fe_nO-MgO$）渣系统中的静态条件下，熔渣（$CaO-SiO_2-Al_2O_3-Fe_nO-MgO$ 系）侵蚀 $MgO-Cr_2O_3$ 耐火材料的主要形态包括渣表面的局部熔损、耐火材料表面的孔状蚀损和熔渣相本体蚀损。其中，渣表面的局部熔损量远远大于熔渣相本体的熔损量。

由此可见，在位于熔渣水平之上的耐火材料表面产生渣膜，在渣膜运动活跃区域，局部熔损加剧。

渣膜运动的主要原因是马㘰哥尼对流，伴随耐火材料成分的熔解而产生渣膜表面的浓度梯度，并由此产生表面张力梯度，从而导致马㘰哥尼对流的产生。马㘰哥尼对流有效地促进了 $MgO-Cr_2O_3$ 耐火材料中 MgO 和 Cr_2O_3 等主要成分熔入熔渣的物质迁移而导致了局部熔损。

4.6.3 渣－金属界面附近的局部熔损

陶再南和向井楠宏等人曾就（$MgO-Cr_2O_3$）耐火材料－（CaO/$SiO = 1.0$ 的 $CaO-SiO_2-Al_2O_3-Fe_nO$）熔渣系统在氩气气氛和1600℃时浸渍试验后的试样（图 4-37），详细研究了位于熔渣和金属界面处的 $MgO-Cr_2O_3$ 耐火材料的局部熔损。

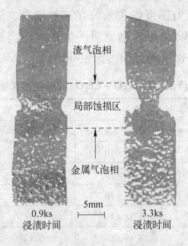

渣气泡相

局部蚀损区

金属气泡相

5mm

0.9ks
浸渍时间

3.3ks
浸渍时间

图 4-37 在 1600℃ 试验后耐火材料 A（棱柱体试样）
在渣－金属界面的局部蚀损

由图 4-37 看出，在熔渣－金属界面明显地存在着局部熔损，其熔损深度以熔渣－金属界面的局部熔损最大，熔渣表面的局部熔损次之，熔渣相本体的熔损最小，而金属相本体对 $MgO-Cr_2O_3$ 耐火材料却不发生熔损。利用 X 射线照片的电脑图像分析测定的 $MgO-Cr_2O_3$ 坩埚的局部熔损深度见图 4-37～图 4-39，利用 EDX 定量分析 $MgO-Cr_2O_3$ 耐火材料－熔渣－金属界面附近渣相中 MgO、Cr_2O_3、CaO、SiO_2、Al_2O_3、Fe_nO 浓度则如图 4-40 所示。图中表明，随着向 $MgO-Cr_2O_3$ 坩埚墙壁靠近，在熔渣－金属界面的渣相中，MgO、Cr_2O_3、Fe_nO 浓度增加，而 SiO_2 和 Al_2O_3 浓度却降低了。

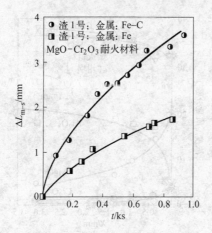

图 4 - 38 于 1600℃镁铬坩埚壁在渣 - 金属界面的蚀损
深度 ΔL_{m-s} 和浸渍时间 t 的关系

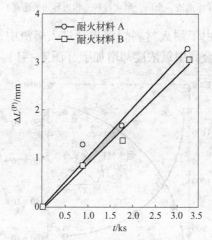

图 4 - 39 于 1600℃在渣 - 金属界面的蚀损深度
$\Delta L^{(p)}$ 和浸渍时间 t 的关系（渣：1 号）

由于在熔渣 - 金属界渣相中所含的 MgO、Cr_2O_3、Fe_nO 等成分的浓度梯度（图 4 - 37）可以看成是由耐火材料的熔解而产生的，于是测定了与图 4 - 37 相同的熔渣 - 金属间的界面张力，其结果示于图 4 - 41 中。该图表明，界面张力随着接近 $MgO - Cr_2O_3$ 坩埚而减

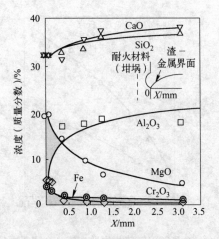

图 4-40 在 1600℃ 沿着渣-金属界面的渣相中 MgO、Cr_2O_3、

Al_2O_3、CaO、SiO_2 和 $Fe_{总}$ 浓度的变化情况

（距离渣、金属、耐火材料三相边界间的距离）

小，即在该系中由于耐火材料熔解成分进入熔渣中，所以界面张力降低了。相反，金属中氧浓度却增加了（图 4-41）。

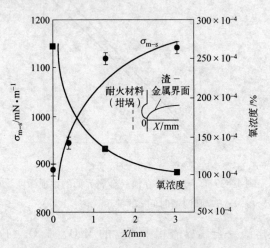

图 4-41 在 1600℃ 沿着渣-金属界面，张力

σ_{m-s} 和金属中氧气浓度的变化情况

（X 为距离渣、金属、耐火材料这三相间的距离）

由于 $MgO-Cr_2O_3$ 耐火材料的熔解，不仅使熔渣－金属界面上的渣相产生了浓度梯度，而且金属相中也产生了氧浓度的浓度梯度。可以认为，沿着熔渣－金属界面产生较大的界面张力梯度是由于耐火材料熔解而产生熔渣相浓度梯度和起因于金属相中的氧浓度的浓度梯度相互作用的结果。

由于界面张力梯度是导致耐火材料产生局部熔损的主要原因，因而可以定性也断定熔渣－金属界面附近的熔渣运动机理如图4－42所示。

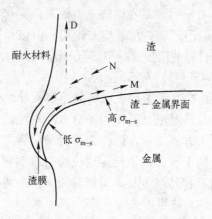

图4－42　在渣－金属界面上渣膜的运动和气泡渣

M—马栾哥尼效应；D—浓度；N—马栾哥尼对流

通常，熔渣－耐火材料间的湿润性优于金属－耐火材料间的湿润性，这就导致熔渣沿着耐火材料浸入到耐火材料－金属间形成渣膜。由于下方的渣膜与耐火材料接触时间长，其厚度较薄，所以渣膜中 MgO、Cr_2O_3、Fe_nO 等成分的浓度和金属相中的氧浓度较高（图4－41），这就会导致产生界面张力梯度即马栾哥尼效应，导致在熔渣－金属界面产生马栾哥尼对流（图4－40）。另外，由于熔渣为非压缩性流体，结果又产生了图4－42中N那样的流动。

由此可见，局部熔损部位的熔渣主要是因马栾哥尼对流沿着熔渣－金属界面向上抬高，使 $MgO-Cr_2O_3$ 耐火材料成分（MgO、Cr_2O_3、Fe_nO）远离局部熔损区域而转移到熔渣相本体中。由于渣膜的这种运动使熔渣－金属界面附近的耐火材料表面被新鲜熔渣冲洗，有效地促进了熔渣侧的物质迁移，结果便产生了局部熔损。下式认为，物质迁移系数 K 因马栾哥尼对流而明显增大：

$$\rho_m d(\Delta L_p)/dt = K(C_i - C_0) \qquad (4-62)$$

以上分析表明，（$MgO-Cr_2O_3$）耐火材料（s）－（$MgO-Cr_2O_3$、CaO、SiO_2、Al_2O_3、Fe_nO）熔渣（l）－Fe(l) 系在熔渣－金属界面局部熔损产生的机理同向井楠宏等人所说的 SiO_2 耐火材料（l）－（$PbO-SiO_2$）熔渣（l）－Pb(l) 系，Al_2O_3 耐火材料（s）－（$PbO-SiO_2$）熔渣（l）－Pb（l）系在熔渣－金属界面局部熔损所产生的机理是相同的，可以用马栾哥尼效应来说明。但该系在熔渣－金属间界面张力因耐火材料的熔损而减小却与 SiO_2 耐火材料（s）－（$PbO-SiO_2$）熔渣（l）－Pb（l）系不同。

陶再南等人指出，虽然耐火材料的熔解而导致熔渣的密度发生变化并由此产生自然对流，但作为评价自然对流的大致标准的瑞利数与渣厚度的 3 次方成正比，而作为评价马栾哥尼对流的马栾哥尼系数与渣膜厚度的 1 次方成正比。这说明与自然对流相比，在局部熔损附近的渣膜上容易产生马栾哥尼对流，而由耐火材料产生的密度差所导致的自然对流可以忽略不计。

5 碳复合耐火材料的蚀损

碳复合氧化物系耐火材料（简称碳复合耐火材料或复合耐火材料）具有抗热震性和抗蚀性强等优点，因而发展迅速，应用范围极为广泛。碳复合耐火材料在使用过程中的损毁是由在实际操作中遇到更加严峻、且变化多端的使用条件造成的，其损毁形态非常复杂。当对这类耐火材料损毁形态进行分析和归类时则发现，其中碳氧化导致脱碳和氧化物骨料向熔渣中的熔解蚀损是其损毁的主要形态。

5.1 氧化脱碳

碳复合耐火材料在使用过程中的氧化脱碳是导致降低其使用性能的重要原因。氧化脱碳包括气相氧化（直接氧化）、液相氧化和固相氧化（间接氧化）三种形态。下面将分别进行讨论。

5.1.1 气相氧化

碳复合耐火材料中所含的各种类型的碳素在空气中会发生直接氧化燃烧而导致脱碳现象的产生，直接氧化温度以石墨最高。例如，石墨在高温下由于空气（O_2）、水蒸气（H_2O）和碳酸气被氧化，形成 CO_2 和/或 CO。一般，人造石墨氧化开始温度在空气中约为400℃，在水蒸气中约为700℃，在碳酸气中约为900℃，而鳞片状石墨在空气中约为550℃，但其显著氧化温度和最大氧化温度（氧化峰值温度）都随石墨粒度的减小而下降，粒度越细就越易氧化。碳的这种氧化现象会导致碳复合耐火材料中的碳被烧掉而使其结构遭受破坏。

碳复合耐火材料的气相氧化脱碳作用主要是通过氧燃烧碳而造成脱碳（碳直接氧化）的。

我们知道，由碳氧化生成 CO 和 CO_2 的反应为：

$$C(s) + O_2(g) = CO_2(g) \qquad (5-1)$$

$$2C(s) + O_2(g) \Longrightarrow 2CO(g) \qquad (5-2)$$

$$2CO(g) \Longrightarrow C(s) + CO_2(g) \qquad (5-3)$$

通过热力学计算,反应式 5-3 达到平衡时,求得 $T = 951K$ (678℃)。在 678℃时,在一个只有 CO_2 和 CO 以及过量碳组成的系统中,高温时其气相为 CO,而 CO_2 则甚少,可以忽略不计,如图 5-1 所示。

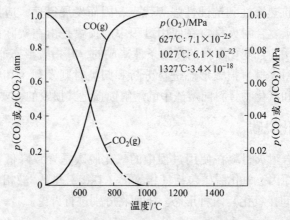

图 5-1 在高温 0.1MPa(1atm) 下 CO 和 CO_2 分压

研究结果证明,碳复合耐火材料在空气中燃烧脱碳是渐进式的。脱碳界面的推进反映出碳复合耐火材料抗氧化性能主要取决于氧通过多孔的脱碳层向内部扩散的难易程度。

图 5-2 示出 MgO-C(石墨的质量分数为 15%) 试样经过抗氧化试验后其脱碳层厚度 L_{et} 随反应时间 t 的变化而变化的情况。图 5-3 则比较了实际脱碳层厚度的测定值和由下式计算的数值(按质量损失 Δw_t 计算):

$$L_{et} = \Delta w_t / \rho_m SM(C) \qquad (5-4)$$

式中,S 为单向性氧化过程中试样的原始暴露表面;$M(C)$ 为石墨的相对分子质量;ρ_m 为石墨的真密度。式 5-4 是假定在氧化时脱碳层中发生的结构变化忽略不计的情况下,根据质量损失 Δw_t 推导出来的脱碳层厚度 L_{et}。图 5-3 表明通过碳氧化的质量平衡所得 CO_2 浓度的计算值和直接测量的试验试样脱碳层厚度,两者是相当一致的。

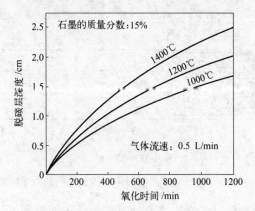

图 5 - 2　随反应时间而变化的脱碳层深度与氧化温度的函数关系

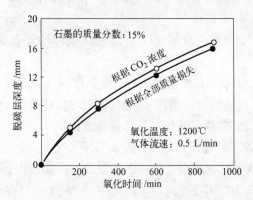

图 5 - 3　从测定的 CO_2 浓度（连续记录）或全部质量损失

（间断记录）任何一项测定来确定脱碳层的深度

MgO - C 耐火材料在空气中燃烧脱碳过程可以用图 5 - 4 来描述。

根据图 5 - 4 并作如下假设，即可推导出式 5 - 5 的动力学方程式：

（1）在界面处石墨的氧化可由式 5 - 2 来描述，固体炭（石墨）首先与气态物质（O_2）反应生成 CO，剩余的足够多的固体炭（石墨）自始至终参与氧化的全过程。

（2）在多孔脱碳层中的 O_2 和 CO 之间，遵循 Fick 第一定律发生分子的反扩散。

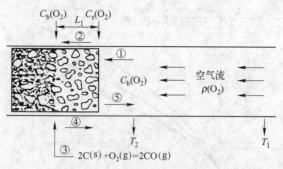

图 5-4 在 MgO-C 耐火材料中石墨氧化的动力学模型图解

（3）如图 5-4 所示，在氧化试样的外表面上，一经生成一种多孔层，在给定的试验温度（高温区）下氧化过程将通过下面 5 个步骤进行：

1）来自空气流中的氧（O_2）对氧化试样的外表面进行外部质量迁移；

2）O_2 的扩散通过脱碳层中的气孔扩散到反应界面；

3）在反应界面处石墨和 O_2 之间的化学反应生成 CO；

4）CO 的扩散通过脱碳层迁移到外表面；

5）CO 的质量迁移到外表面进入周围大气中。

因而 MgO-C 材料在空气中燃烧脱碳速度 dL_c/dt 即为：

$$dL_c/dt = 2C_b(O_2)/[\rho_m(L_c/D_{eff}) + (1/K_m) + (1/K_c)] \quad (5-5)$$

此式表示在给定时间 t 时反应界面瞬间上升率。对式 5-5 积分得到最终的动力学方程式：

$$L_{ct}^2\rho_m[4D_{eff}C_b(O_2)] + [(1/K_c) + (1/K_m)]\rho_mL_{ct}/2C_b(O_2) = t$$
$$(5-6)$$

或者

$$L_{ct}^2/D_{eff} + 2[(1/K_c) + (1/K_m)]L_{ct} = 4C_b(O_2)t/\rho_m \quad (5-7)$$

式中，$C_b(O_2)$ 为氧化试样表面和反应界面气流体积中 O_2 的浓度；K_m，D_{eff} 和 K_c 分别为质量对流迁移系数、有效扩散系数和不均匀化学反应速度常数。

现在已经确定碳复合耐火材料中碳的气相氧化在低于 800℃ 时为

化学反应控制反应速度，800~1000℃ 由化学反应控制反应速度过渡到以扩散为主控制反应速度，在高于 1000℃ 时以扩散为主控制反应速度。

在以化学反应控制反应速度时则 $L_{ct} \propto t$。而在以扩散为主控制反应速度时，则 $L_{ct}^2 \propto t$，此时式 5-7 可改写为：

$$\left[L_{ct} + D_{eff}(1/K_c + 1/K_m)\right]^2 = 4C_b(O_2)t/\rho_m + \left[D_{eff}(1/K_c + 1/K_m)\right]^2 \tag{5-8}$$

或者：

$$L_{ct}^2 + 2D_{eff}(1/K_c + 1/K_m)L_{ct} = 4D_{eff}C_b(O_2)t/\rho_m \tag{5-9}$$

5.1.2 液相氧化

碳复合耐火材料在高温条件下的液相氧化起因于熔渣中的氧化物如 FeO_n、MnO 等容易被碳还原：

$$FeO_n(l) + nC(s) \Longrightarrow Fe + nCO(g) \tag{5-10}$$

$$MnO(l) + C(s) \Longrightarrow Mn(l) + CO(g) \tag{5-11}$$

当这些反应导致碳复合耐火材料表面形成脱碳层时，其表面（已脱碳）就容易受到熔渣浸透，随之则导致耐火氧化物组分向熔渣中转移，从而加快了碳复合耐火材料的熔解蚀损反应。

另外，如图 5-5 所表明的反应式 5-10 的温度与 $\exp(p(CO_2)/p(CO))$ 的关系那样（图中附加的曲线是石墨的平衡反应结果），在

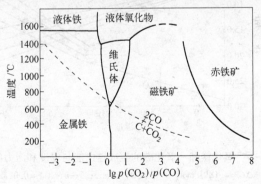

图 5-5 氧化温度曲线

（虚线以下石墨与铁共存）

高于约 1000℃以上时，过剩的碳会使铁的任何氧化物都还原为金属铁而使熔渣黏度升高。这种高黏度熔渣对碳复合耐火材料的表面可以起到保护作用。

5.1.3 固相氧化

碳复合耐火材料在高温条件下会产生碳 - 氧化物之间的氧化还 - 原反应（间接氧化），导致脱碳损耗。其中 MgO - C 氧化 - 还原反应是碳复合耐火材料中碳固相氧化最突出的例子。

由于 MgO - C 材料在高温条件下发生氧化 - 还原反应而导致其损毁主要发生在本身的结构中，因而除了温度和压力之外，一般与外部其他因素没有关系。

MgO - C 间的氧化 - 还原反应的化学方程式为：

$$MgO(s) + C(s) = Mg(g) + CO(g) \qquad (5 - 12)$$

图 5 - 6 示出了该反应的热力学条件。一般认为这个反应可以大致分为：

（1）在 MgO/C 界面的化学反应；

（2）Mg(g) 和 CO(g) 由内部向表面扩散；

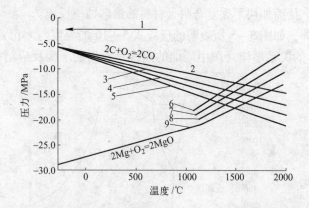

图 5 - 6 氧化镁和一氧化碳的生成自由能与温度和压力的关系

1—$\Delta G = 4.18$kJ/mol；2—$p(CO) = 1$atm；3—$p(CO) = 0.01$MPa；

4—$p(CO) = 0.001$MPa；5—$p(CO) = 0.0001$MPa；6—$p(Mg) = 0.0001$MPa；

7—$p(Mg) = 0.001$MPa；8—$p(Mg) = 0.01$MPa；9—$p(Mg) = 0.1$MPa

两个过程。反应由材料表面向内部方向进行，反应模式如图 5 – 7 所示，认为反应是单纯的。

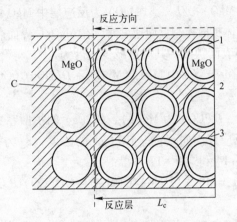

图 5 – 7 反应模型
1—间隔尺寸；2—热面；3—表面积

如果材料表面积为 S，向其内部进行反应的距离为 L，并假定在 MgO/C 界面生成的空隙少，MgO 和 C 的体积减少量有限时，可导出一元速度公式：

$$\Delta W = SL_c \varepsilon S_{sp} \delta_c d^2(MgO) d(C)[M(MgO) + M(C)]/$$
$$[d(C)M(MgO) + d(MgO)M(C)] \qquad (5-13)$$

式中，δ_c 为 MgO/C 界面反应的平均厚度；L_c 为反应进行层的长度；ε 为 MgO 填充率；S_{sp} 为 MgO 比表面积；$d(MgO)$，$d(C)$ 为 MgO 和 C 的密度；$M(MgO)$，$M(C)$ 为 MgO 和 C 的相对分子质量。如果令 $A = S\varepsilon S_{sp}d^2(MgO) d(C)[M(MgO) + M(C)]/[d(C)M(MgO) + d(MgO)M(C)]$，则式 5 – 13 即可写成：

$$\Delta W = A\delta_c L_c \qquad (5-14)$$

由 MgO – C 材料中质量减少 ΔW 可直接导出速度公式：

（1）当化学反应控制反应速度时，在 MgO/C 界面的化学反应所导致的材料质量减少速度为：

$$d(\Delta W)/dt = K_R S_R \qquad (5-15)$$

式中，K_R 为化学反应速度常数；S_R 为反应界面积。当 S_R 一定，$t =$

0 时，则 $\Delta W = 0$，可得到一次反应式：

$$\Delta W = K_R S_R t \tag{5-16}$$

式中，$S_R = S(MgO) \delta_c / L_c$，$S(MgO)$ 为反应层中 MgO 的表面积。

（2）当气体扩散控制反应速度时，在 MgO/C 界面产生的 Mg(g)、CO(g) 向材料表面扩散，其质量减少速度为：

$$d(\Delta W)/dt = S_c [D(Mg)C(MgO) + D(CO)C(CO)]/L_c \tag{5-17}$$

式中，$D(Mg)$、$D(CO)$ 为 Mg(g)、CO(g) 的扩散系数；$C(MgO)$、$C(CO)$ 是在反应界面 Mg(g)、CO(g) 的浓度；S_c 为扩散通道的断面积。由式 5-14 和式 5-17 可得：

$$d(\Delta W)/dt = A\delta_c S_c (D(Mg)C(MgO) + D(CO)C(CO))/\Delta W \tag{5-18}$$

当 δ_c、S_c 恒定时，并将式 5-18 分子取作反应速度常数 K_d，在 $t = 0$ 时，$\Delta W = 0$；在 $t = t$ 时，$\Delta W = \Delta W$，积分式 5-18 得：

$$(\Delta W)^2 = 2K_d t \tag{5-19}$$

田烟胜弘等人比较了表 5-1 中各试样的实验值，其质量损失结果见表 5-2；由式 5-13 计算的结果见表 5-3，表明计算的结果与实验值较为一致。

表 5-1　试样材质参数

项　　目		试样 A	试样 B
原料	MgO	电熔 MgO（$w(MgO) = 99.5\%$）	
	C	高纯石墨（$w(C) = 99\%$）	
组成（质量分数）/%	MgO	90.5	74
	C	9.5	26
MgO 粒度组成[①]/mm	平均	0.536	0.163
	最大	1.144	0.296
	最小	0.173	0.063
石墨粒度		−100 目（0.147mm）	

① 用图像分析测定 MgO 粒度，并按球形颗粒计算。

表 5 - 2　试验试样的质量损失结果

温度/℃		1000	1200	1300	1400	1500	1600			
保温时间/min		60	60	60	60	60	0	20	40	60
质量损失/%	样A	0.24	0.33	0.73	1.33	3.28	2.48	3.52	3.89	4.28
	样B	0.18	0.44	0.71	1.66	6.35	3.31	9.76	15.20	19.20
	MgO[①]	—	—	—	0.03	0.07	—	—	—	0.15
	石墨	—	—	—	0.38	0.61	—	—	—	0.72

①烧结 MgO（镁砂）。

表 5 - 3　计算值和测定值之间的比较　　　　　（%）

项　目	试样 A		试样 B	
	计算值	测定值	计算值	测定值
1600℃，0min	0.9	2.5	1.7	3.3
1600℃，20min	1.3	3.5	8.7	9.8
1600℃，60min	5.8	4.3	25.9	19.3

　　MgO - C 间氧化还原反应的因素主要是温度和压力：

　　（1）温度的影响。图 5 - 8 示出了在常压下 MgO - C（C 含量（质量分数）为 10%、20%）材料的失重率与温度的关系。图 5 - 9 则示出了在一定压力条件下（表 5 - 1 中试样于 1500℃、1600℃ 和 1700℃时）材料的失重率与保温时间的关系。它表明，虽然在 1500℃时材料失重率较少，但温度上升到 1600℃ 以后，其失重率却增加非常快。在 1700℃，加热 15min，30mm × 30mm × 30mm 试样中的碳就被全部烧掉。

　　在通常情况下，式 5 - 19 中反应常数 K_d 与温度 T 的关系可用下式表示：

$$K_d = K_{d0} \exp(-\Delta E/RT) \qquad (5-20)$$

式中，ΔE 为 MgO - C 间氧化还原反应活化能；R 为气体常数。

　　将式 5 - 20 代入式 5 - 19 通过重组即可得到：

$$d(\Delta W)/dt = [K_{d0} \exp(-\Delta E/RT)]/\Delta W \qquad (5-21)$$

在等速升温情况下，假设 $dT/dt = a$（a 为常数），对于 RT 在 ΔE

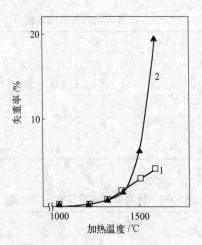

图 5 - 8　失重率与温度的关系

（压力为 0.1kPa，保温 60min）

1—试样 A；2—试样 B

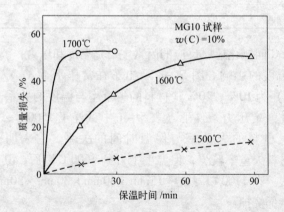

图 5 - 9　在压力降到小于 13.3kPa（100mmHg）时温度和
保温时间对加热 MgO - C 砖质量损失的影响

（1mmHg = 133.3Pa）

值大时，可对式 5 - 21 积分，并无视低温影响，通过整理得到下式：

$$(\Delta W)^2 = (2/a)(K_{d0}RT^2/\Delta E)\exp(-\Delta E/RT) \times$$
$$\exp[2RT^2/a\Delta E]K_{d0} \qquad (5-22)$$

（2）压力（外压）的影响。正如图 5 - 6 所表明的，当 MgO - C

系统中压力下降时，MgO－C间氧化还原反应的温度就会明显降低。图5-10示出了经1600℃，加热1h的MgO－C（碳含量为5%～40%）试样，其质量损失与压力下降的关系。图5-10表明，随着压力降低，试样的质量损失增加。当真空度低于0.013MPa（100mmHg）时，MgO－C试样中C或者MgO被消耗掉，仅余一种组分（C或者MgO）。

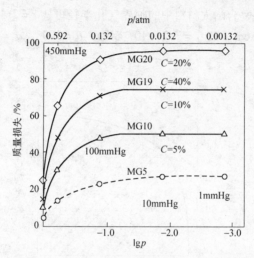

图5-10　在各种压力降低的情况下，于1600℃，
加热1h的MgO－C砖中压力对质量损失的影响

（1mmHg = 133.3Pa，1atm = 0.1MPa）

由反应式5-12可知，在降低系统压力，高温加热MgO－C试样时，Mg(g)和CO(g)则扩散到试样的热面并自由地释放到外部大气中，原因是MgO－C试样内部Mg(g)和CO(g)变得比外部大气压力高。也就是说，由于Mg(g)和CO(g)扩散到外部大气中而促进了MgO－C材料中MgO－C间的氧化还原反应。

5.2　熔渣浸透

通常，在碳复合耐火材料－熔渣系统中，其熔渣表面的接触角$\theta > \pi/2$，当$\Delta p_s = 0$时，$L_p = 0$。说明熔渣难以浸透进入这类耐火材料内部气孔中，如MgO－C、MgO－CaO－C、Al_2O_3－C和Al_2O_3－

Spinel – C 以及 ZrO$_2$ – C 耐火材料等均属于难以浸透的耐火材料。

在真空条件下，如果 $\Delta p_s = 0$，则 $\Delta p = \Delta p_c \leqslant 0$，熔渣即会从碳复合耐火材料内部气孔中排出，因而不会发生熔渣浸透进入这类耐火材料内部气孔中的问题。

在实际常压操作的场合，当 $\Delta p_s > 0$ 时，附着在耐火材料工作表面上的熔渣受到了很大的静压力（图 5 – 11），由此即可求出钢水深度为 1m 处碳复合耐火材料中的临界气孔半径可达 $r = 2.4\mu m$（假定钢水密度为 7g/cm^3，$\Delta p_s = 7.2 \times 10^{-2}$ MPa，$\theta = 100°$，$\sigma = 5 \times 10^{-5}$ MPa 时）。

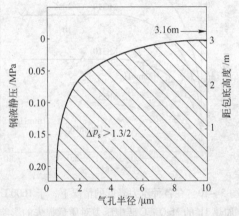

图 5 – 11 静压与被熔渣浸透的气孔半径的关系

在上述条件下，如果 $\Delta p_s = 0$，则熔渣不会浸透进入这类耐火材料内部气孔中；如果 $\Delta p_s = 0.1$ MPa，即会发生熔渣浸透进入对应的耐火材料内部气孔中，如图 5 – 11 所示。当 $r_{max} = 10\mu m$，$\Delta p_s \leqslant 0$，在 1.2m 时不会发生熔渣浸透进入这类耐火材料内部气孔中的问题。但从 $\Delta p_s = 1.2$ MPa 增大时熔渣便会顺序地向大气孔中浸透。由估算即可得 $\Delta p > 0$ 时，熔渣可浸透进入到 0.8μm 的气孔中，而在稍大的 $r = 1.0\mu m$ 时，其浸透深度 $L_P = 16.7$ mm，浸透速度非常快。这说明几乎与熔渣向氧化物系耐火材料内部气孔中的浸透速度一样快。预期其浸透过程至 1300℃ 处才能停止。图 5 – 12 示明熔渣向碳复合耐火工作衬内部的浸透深度可达 30mm 以上。

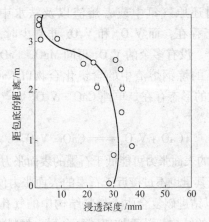

图 5 – 12 碱性浇注料中熔渣浸透深度与距包底高度的关系

上述情况表明，在与钢水接触的容器下部工作衬中，熔渣可浸透进入比气孔半径约 $1\mu m$ 还大的气孔中，而且其浸透速度还是相当快的。这说明在钢水下部的耐火工作衬部位，熔渣浸透是不可避免的，因而要防止耐火工作衬的结构剥落，一种有效的方法是设法控制耐火材料中 $1\mu m$ 以上的气孔体积。

通过以上分析可以得出如下结论：对于氧化物系耐火材料来说，熔渣向其内部气孔中浸透是不可避免的，作为限制熔渣浸透的一个重要方法是向气孔中充填碳素物质，因为大部分冶金炉渣均排斥碳。例如，在 $\Delta p_s = 0$ 的条件下，如果碳复合耐火材料同熔渣接触，只要碳含量（质量分数）高于 2% 时就能限制熔渣浸透，如图 5 – 13 所示。对于绝大多数冶金炉渣来说，这一结论都是正确的，因为接触角 $\theta > \pi/2$，也就是 $\cos\theta < 0$，所以不可能发生熔渣浸透进入对应耐火材料内部气孔中的情况。

然而，也有例外，如含钒熔渣，由

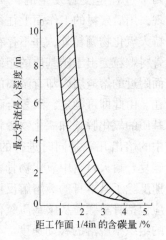

图 5 – 13 含碳量与炉渣
侵入深度的关系

（$1in = 0.0254m$，焦油浸渍镁砖）

于氧化钒在相对还原气氛中或者熔渣以及铁水中以 V_2O_3 或者以 V_2O_3 为主的形态存在，而 V_2O_4 和 V_2O_5 非常少时，V_2O_3 在熔渣中只能与 CaO 化合，没有多余的 V_2O_3 再同 MgO、FeO 化合。因此，像攀钢和承德钢厂的炼钢熔渣中的含钒化合物以 $CaO \cdot V_2O_3$ 或者以 $CaO \cdot V_2O_3$ 为主的形态存在。单纯 $CaO \cdot V_2O_3$ 熔点为 1400℃，对应的化学反应式为：

$$CaO + V_2O_3 \xrightarrow{\quad\quad} CaO \cdot V_2O_3 \qquad (5-23)$$

由于该熔液的表面张力可能低于石墨的表面张力值 $93 \times 10^{-5} N/cm$（93dyn/cm），充其量也不过接近于石墨的表面张力值，表明含 $CaO \cdot V_2O_3$ 的熔渣可以钻进碳复合耐火材料结构中的气孔内导致内部熔解蚀损，破坏材料的结构，从而加速碳复合耐火材料的蚀损。

5.3 碳复合耐火材料的熔解蚀损

在碳复合耐火材料 – 熔渣系统中，材料的蚀损被认为主要是耐火氧化物骨料颗粒向熔渣中的熔出和碳基质氧化脱碳的结果，其蚀损形态是基质先行蚀损型。过去认为这两个过程是交替发生的，实际观察却发现，用后残衬的工作面上往往除了极个别特大氧化物颗粒外，并不存在耐火氧化物骨料颗粒突出于碳基质的组织中，而工作面附近的熔渣层内却有游离的骨料颗粒存在。由此即可确定，碳复合耐火材料中碳基质的氧化脱碳和氧化物骨料颗粒向熔渣中的熔出几乎是同时进行的。也就是说，碳复合耐火材料中氧化物骨料颗粒的熔出速度除了其本身的纯熔解反应速度外，还应包括骨料颗粒从碳基质氧化脱碳而劣化的组织中脱落的移动速度。于是，我们可以借用中尾淳等人提出的 Al_2O_3 – C 砖损毁机理的模型来描述碳复合耐火材料的蚀损机理，见图 5 – 14。

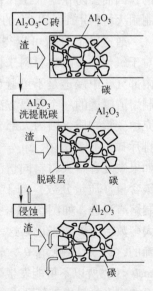

图 5 – 14　Al_2O_3 – C 砖的损毁机理

按图 5 – 14 示出的模型，认为在静态条件下或者在氧化脱碳反应影响的情况下，控制碳复合耐火材料中骨料颗粒的熔出反应速度受到氧化脱碳反应和动态熔渣流动磨损速度的影响。因而骨料颗粒的熔出反应和碳基质氧化脱碳反应这两个主要因素应当结合起来考虑。这样一来，碳复合耐火材料的蚀损速度 u_f 可以应用中尾淳等人提出的下述方程式来描述：

$$u_f = K(L_c)^n u_b \qquad (5-24)$$

式中，L_c 为碳基质氧化脱碳层厚度；u_b 为骨料颗粒向熔渣中的纯熔解蚀损速度；K 为包括碳复合耐火材料性能的熔解反应速度系数；n 为乘方数，$n \approx 0 \sim 0.5$。

在熔渣水平面的场合，$K_p = 0$，因而 $L_c = 0$，根据式 4 – 26，u_f 由下式给出：

$$u_b = dn/dt = DS_c(n_s - n)/\delta \qquad (5-25)$$

$$L_c = \Delta W_c/(S_c d_c \varepsilon_c) \qquad (5-26)$$

式中，ε_c 为碳复合耐火材料中碳的体积分布系数；d_c 为碳的密度；S_c 为脱碳表面积；ΔW_c 为脱碳层中脱出碳的质量，它取决于脱碳机理。

在化学反应控速的情况下，碳的损耗量 ΔW_c 与反应时间 t 成正比：

$$\Delta W_c = K_R t \qquad (5-27)$$

在扩散控速的情况下，碳的损耗量 ΔW_c 的平方与反应时间 t 成正比：

$$(\Delta W_c)^2 = K_d t \qquad (5-28)$$

式中，K_R 和 K_d 分别表示化学反应控速和扩散控速的脱碳速度系数。

另外，L_c 是温度函数，可以表示为：

$$L_c = A\exp(-\Delta E/RT) \qquad (5-29)$$

式中，A 为常数；ΔE 为碳的氧化活化能。

如表 5 – 4 和表 5 – 5 所示，中尾淳等人由实验得出 Al_2O_3 – C 材料 – 熔渣系统中 L_c 为：

$$L_c = 18398.1\exp(-38036.4/RT) \qquad (5-30)$$

这样一来，u_f 可以表达如下：

$$u_f = K_t L_c^n u \qquad (5-31)$$

式中，K_f 为碳复合耐火材料的蚀损反应速度系数。

表 5-4 试验渣的化学成分 （质量分数，%）

试验渣	SiO_2	Al_2O_3	MgO	TFe	CaO	CaO/SiO_2
A	33	15	5	5	42	1.3
B	32	15	5	7	40	1.3
C	30	15	5	10	40	1.3
D	30	15	10	7	38	1.3
E	27	15	15	7	36	1.3

表 5-5 试验 Al_2O_3-C 砖的性能

性 能		数 值
化学成分（质量分数）/%	Al_2O_3	90
	C	10
体积密度/g·cm^{-3}		3.26
显气孔率/%		5.4
耐压强度/MPa		60.1

例如，图 5-15 示出了 MgO-C 材料的蚀损量与材料中碳含量的关系可用式 5-13 来表达。图中表明：

（1）当碳含量较低（体积分数小于 15%）时，MgO-C 材料的组织结构由 MgO 组成连续基质，而碳则以星点状充填在基质中。在这种情况下，MgO-C 材料的蚀损反应速度 u_f 由 MgO 的熔解流失速度 u_b 控制，故 $n=0$，所以：

$$u_f = K_M u_b = K_M (n_s - n) \qquad (5-32)$$

式中，K_M 相当于 K_c，它是与 MgO 的熔解流失有关的速度系数。

图 5-16 将实验结果和由式 5-32 计算的数值作了对比，两者非常一致，这表明由式 5-31 所计算的碳含量较低（体积分数小于15%）的 MgO-C 材料（1 号）的蚀损反应速度，其结果是令人满意的。

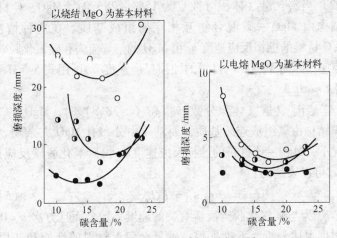

用高频感应炉进行内衬的蚀损试验

试 样	金属：Al – Mg 合金，碳含量：10% ~23%
渣成分	C/S = 3.3，MgO = 6%，总 Fe = 18%
钢 水	SS41
温 度	1650℃，1700℃，1750℃
保温时间	4h，叶轮搅拌器搅拌（90r/min）

图 5 – 15　碳含量与蚀损之间的关系

○—1750℃；◐—1700℃；●—1650℃

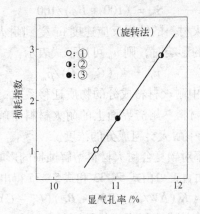

图 5 – 16　显气孔率与损毁量之间的关系

（钢：渣 = 60/40，渣的 CaO/SiO₂ = 3.0，1700℃回转试验）

（2）当碳含量（体积分数）为 15% ~ 28% 时，MgO – C 材料的组织结构由 MgO – 碳混合物互相穿插组成基质。在这种情况下，MgO – C 材料的蚀损反应速度 u_f 由 MgO 的熔解流失和碳氧化脱碳反应共同控速，因而 MgO – C 材料的蚀损反应速度 u_f 可用式 5 – 31 表达，其中 $0 < n < 0.5$。

（3）当碳含量（体积分数）很高（ > 28% ）时，MgO – C 材料的组织结构由碳组成连续基质，而基质中分布有 MgO 夹杂物。在这种情况下，MgO – C 材料的蚀损反应速度 u_f 由碳氧化脱碳反应控速，因而 u_f 可以表达为：

$$u_f = K_c L_c^n \tag{5-33}$$

式中，K_c 为与碳氧化脱碳反应有关的速度系数，而且方次 $n = 0.5$。

根据上述分析，不难推得：碳复合耐火材料的性能和使用寿命以及损毁机理对碳含量的依存性大，所以应根据使用条件选择相应类型的复合耐火材料才能与之相适应，而获得高寿命。

复合耐火材料具有非浸透性能，在 $\Delta p_c = 0$ 的条件下，不会发生熔渣浸透的问题。然而，复合耐火材料的气孔率却会加剧其熔解蚀损。这种加剧熔解蚀损的作用，首先取决于开口气孔率，但因气孔壁易被熔渣破坏，因而也取决于真气孔率 ε。А. С. Бережноц 认为，熔渣接触耐火材料的表面积 S_0 与 ε 存在直线关系：

$$S_0 = (100 + B\varepsilon)/100 \tag{5-34}$$

当考虑到耐火材料的蚀损反应速度 u_b 受到耐火材料熔解成分在熔渣侧物质迁移的影响时，则 u_b 可用下式表示：

$$u_b = K_b(C_s - C)/\rho_m \tag{5-35}$$

式中，K_b 为熔渣中耐火材料成分的物质迁移系数；ρ_m 为耐火材料的密度；C_s 为耐火材料 – 熔渣界面上的耐火材料熔解成分的浓度（溶解度）。C 为熔渣中耐火材料成分的浓度。

当研究气孔率对碳复合耐火材料熔解蚀损的影响时，对于固定时间内的恒温条件而言，可由式 5 – 33 和式 5 – 35 得出其蚀损量 ΔL_t 为：

$$\Delta L_t = K_t(\Delta W/\rho_m)(100 + B\varepsilon)(C_s - C)/100 \tag{5-36}$$

也可由式 5 – 35 直接求出耐火材料的蚀损量 ΔL_t：

$$\Delta L_t = K_t \Delta W/\rho \tag{5-37}$$

式中，ρ 为耐火材料的密度。式 5-36 表明，碳复合耐火材料的蚀损率与其气孔率 ε 呈直线关系。图 5-17 和图 5-18 分别示出的是 MgO-C 材料的蚀损率（浸渍法，浸蚀剂：钢/铸模粉）与实际测定速度的关系曲线和 ZrO-C 材料的蚀损量与其显气孔率的关系曲线都完全能满足式 5-35。

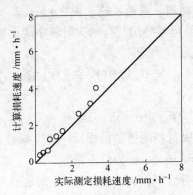

图 5-17 MgO-C 砖（碳含量为 8%）损耗速度与
实际测定损耗速度的关系

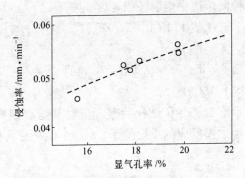

图 5-18 侵蚀率与显气孔率的关系曲线
（ZrO$_2$-C 试样）

5.4 最佳碳含量设计

在实际应用的复合耐火材料-熔渣系统中，复合耐火材料内衬仅受单面加热的作用，因而其熔解蚀损速度可用一元速度式来描述。

众所周知，复合耐火材料的熔解蚀损，除了组成，特别是碳的种类和用量之外，材料本身的组织结构也是重要因素，如图 5 - 16 和图 5 - 18 分别示出的 MgO - C 砖和含碳碱性不定形耐火材料的蚀损率与显气孔率的关系就是如此。由此即可推出复合耐火材料的蚀损的一元速度式。

对于复合耐火材料 - 熔渣系统来说，$\theta > \pi/2$，在 $\Delta p_s = 0$ 的情况下，$L_{cp} = 0$，由此便可推导出复合耐火材料中耐火氧化物骨料颗粒向熔渣中熔解蚀损速度 u_b 等于：

$$u_b = D_{S0} V_L M(C_s - C)/(\beta \delta) \tag{5 - 38}$$

或者：

$$u_b = \mathrm{d}m/\mathrm{d}t = K(C_s - C) \tag{5 - 39}$$

式中，K 为复合耐火材料的熔解蚀损反应速度系数；V_L 为熔渣体积；M 为氧化物相对分子质量；β 为修正系数。

当熔渣中钒成分含量高时，由于 V_2O_3 的表面张力与石墨的表面张力相当，因而高钒熔渣能较深地浸入 MgO - C 砖中，甚至越过脱碳层侵入其内部。在这种情况下，$L_p > 0$，因而复合耐火材料中耐火氧化物骨料颗粒向熔渣中熔解蚀损速度 u_b 等于：

$$u_b = D_{S0} S_0 V_L M(1 + 2L_p/r)(C_s - C)/(\beta \delta) \tag{5 - 40}$$

或者：

$$u_b = \mathrm{d}m/\mathrm{d}t = K'(1 + 2L_p/r)(C_s - C) \tag{5 - 41}$$

式中，$K = D_{S0} S_0 V_L M/(\beta \delta)$。

图 5 - 15 示出 MgO - C 试样的碳含量对其熔解蚀损的影响是复合耐火材料熔解蚀损反应的重要例子，表 5 - 6 列出了 MgO - C 试样的组成和性能。

表 5 - 6 实验用 MgO - C 试样的组成和性能

以烧结 MgO 为基本材料		A	B	C	D	E	F
化学成分 （质量分数）/%	MgO	87	84	82	80	77	74
	C	10	13	15	17	20	23
体积密度/g·cm⁻³		2.95	2.91	2.88	2.87	2.83	2.79
		2.97	2.94	2.92	2.92	2.88	2.83

续表 5 – 6

以烧结 MgO 为基本材料	A	B	C	D	E	F
显气孔率/%	3.8	3.7	4.3	3.6	3.3	3.2
	5.1	4.4	4.4	3.7	3.1	2.9
常温耐压强度/MPa	65.8	58.3	59.4	51.6	47.3	42.7
	55.3	53.7	52.5	45.4	45.0	34.0
高温抗折强度 (1400℃)/MPa	21.5	21.0	20.3	19.3	17.8	14.1
	21.4	21.9	17.5	17.3	16.9	15.0

图 5 – 15 表明，当以烧结镁砂为基础时，在 1650℃ 的温度下，碳含量（体积分数）约为 15% 时的蚀损量最小，但随温度上升，其蚀损量显著增加，而且蚀损量最小值也呈现出向高碳区域移升的倾向。当以电熔镁砂为基础时，蚀损量对温度的依赖性较小，而且不论温度多高，碳含量（体积分数）均在约 15% 时其蚀损量最小。

由此看来，复合耐火材料的熔解蚀损受碳氧化和耐火氧化物骨料颗粒向熔渣中的熔出所控制。也就是说，增加碳含量虽然减轻了熔渣的侵蚀，但却增加了由于气相氧化和液相氧化的损毁。因此认为两者达到平衡的碳含量范围即会显示出最小的损毁量，参见图 5 – 19。

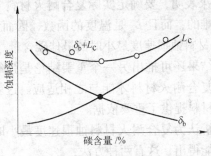

图 5 – 19　侵蚀模型

两者达到平衡的碳含量范围可以令式 5 – 24 最小 ($dv/dt = 0$) 时求出。

式 5 – 26 中 $L_c^{1/2}$ (L^n) 取决于具体的脱碳机理，而 u_b 则受熔渣性

质控制。在这种情况下，需要首先确定具体的脱碳机理，其次是要知道熔渣性质，然后才能通过式 5-26 按上述步骤求出复合耐火材料蚀损速度最小时的碳含量（C_{tc}）。例如，在 MgO-C 材料-熔渣系统中，如取高碱度熔渣为研究对象，并假设初期（$t=0$）熔渣中的 MgO 浓度 $C_{0m}=6\%$，其饱和浓度（熔解度）为 $C_{sm}=12\%$，由式 5-26 即可求得 C_{tc}：

（1）当脱碳损失质量中有 20% C 由液相氧化产生时，可求得复合耐火材料中最佳碳含量（质量分数）$C_{tc}=12.1\%$。

（2）当脱碳损失质量中有 30% C 由液相氧化产生时，可求得复合耐火材料中最佳碳含量（质量分数）$C_{tc}=15.7\%$。

（3）当脱碳损失质量中有 50% C 由液相氧化产生时，可求得复合耐火材料中最佳碳含量（质量分数）$C_{tc}=19.3\%$。

由此可见：

（1）当熔渣性质一定，但如果脱碳机理不同时，则 MgO-C 材料的蚀损速度最小时的碳含量相差很大。

（2）液相脱碳控制碳的氧化速度需要较高的碳含量才能控制 MgO-C 材料的蚀损。

（3）实际使用中，碳氧化速度往往由液相氧化和固相氧化速度共同控制。

（4）上述结果表明，要确定实际复合耐火材料-熔渣系统中的碳氧化类型是困难的，而且 L_c 是温度的函数，因而无法根据式 5-26 求出复合耐火材料蚀损速度最小时的最佳碳含量（范围）。

由上述计算结果还可推出另一个重要结论是强氧化性熔渣需要选用高碳含量的复合耐火材料才能与之相适应。这就为我们设计全碳基质复合耐火材料提供了重要依据。

基于上述分析认为复合耐火材料蚀损速度最小时的最佳碳含量需要通过实验才能得出，这有两种方法：

（1）以图 5-15 为依据，并假定复合耐火材料的磨损量与脱碳层厚度 L_c 成比例，由磨损量和熔渣侵蚀量即可求出复合耐火材料蚀损速度最小时的最佳碳含量范围。

（2）通过实测抗渣试验后材料的蚀损深度和脱碳层厚度可求出

复合耐火材料蚀损速度最小时的最佳碳含量范围。

对于后一种方法，田中功和鹿野弘等人曾经以表 5-6 中的材料为对象，采用 $C/S = 3.3$，$w(MgO) = 6\%$，$w(TFe) = 18\%$ 的炉渣为侵蚀剂，在 1750℃ 进行抗渣试验，其结果列入表 5-7 中。同时，他们还按图 5-19 的模型对试验结果进行了分析。他们假定 $\delta_b + L_b = Aw_c^{-B}$（$A$、$B$ 为常数）近似为双曲线，且 δ_b 和 L_b 通过蚀损量最小的 1/2 处，L_c 是通过原点近旁向上角的倾斜曲线，然后进行回归计算，并求出实测的熔损量和 L_c 计算值之差，以及常数 A、B，从而获得 δ_b 和 L_b 值。

表 5-7　侵蚀试验的结果

W_L	碳含量（质量分数）/%	10	13	15	17	20	23
L	侵蚀深度/mm	8.37	4.48	3.54	2.81	3.95	3.59

按以上程序和表 5-7 的实验数据制成图表如图 5-15 所示。图中表明 MgO-C 材料蚀损受碳氧化和 MgO 向熔渣中熔出所控制，即碳含量提高减轻了由于熔渣侵蚀所造成的损毁，但也增加了由于氧化所造成的失碳。因此认为，适当增加碳含量能使两者保持平衡，并在这一区域内获得最小蚀损值。这一重要结论为我们设计 MgO-C 砖提供了重要依据。当然，这个最小蚀损值需要通过实验得出。因为操作条件和熔渣特性等不一样，获得最小蚀损值的碳含量也明显不同。显然：

（1）虽然碳含量（质量分数）超过 2% 的 MgO-C 砖即可抑制熔渣浸透，但考虑到抗蚀性能时还需配入更多的碳素材料。

（2）复合耐火材料的抗侵蚀性能明显受到碳含量的制约，因而存在最佳碳含量范围。也就是说，抗蚀性能最高的复合耐火材料的基质应当由耐火氧化物 + 碳的混合物组成。只有在极少数的情况下，才能采用全碳基质的配方设计。例如：使用直接还原铁（FeO 含量高）的电炉渣线及热点，以及有不规则氧化情况的部位（在氧枪部位或铁水冲击墙），电炉、转炉中需要高抗热震性和高温强度大的部位等。

（3）对于 MgO – C 砖来说，镁砂种类对其抗蚀性的影响如图 5 –18所示。图中表明在超高温的使用条件下，电熔镁砂的抗侵蚀性能比烧结镁砂高得多，而且对使用温度的依赖性也非常小。

（4）使用温度对 MgO – C 砖的抗蚀性的影响存在的情况是：以烧结镁砂为基础的 MgO – C 砖，使用温度为 1650℃时以碳含量（质量分数）为 15% 的 MgO – C 砖的抗蚀性最佳，但随使用温度上升其蚀损量最小值的碳含量向碳含量增加的方向移动。以电熔镁砂为基础的 MgO – C 砖，其蚀损量都较小，并且对使用温度的依赖性也非常小，在 1650 ~ 1750℃ 的使用温度条件下，碳含量（质量分数）为 17% 时 MgO – C 砖的抗侵蚀性均显示出最佳的结果（图 5 – 18）。

5.5　碳复合耐火材料的局部熔损及控制

复合耐火材料作为钢铁冶炼过程中使用的重要材质或者关键部件而被广泛使用，但由于它们在熔渣 – 金属界面使用时往往产生局部熔损而左右其使用寿命。

例如，现代钢包通常采用 MgO – C 砖以加强渣线部位而一般壁则采用氧化物系耐火材料分区筑衬的方案，但往往在两种材质边界上却会发生局部熔损的问题，结果则导致寿命降低而报废。这种局部熔损发生在不同种类耐火材料的边界上，而显著的熔损主要发生在熔渣 – 金属界面上。

又如，高炉出铁槽的局部熔损，不仅在熔渣表面，而且在熔渣 – 铁水界面上也显著地发生。产生局部熔损是因为在局部熔损部位的出铁槽材料 – 金属间常常存在薄的液体状态的渣膜，渣膜成分上下方向发生变化，存在着界面张力梯度。由于这种界面张力梯度诱发渣膜运动，结果则有效地促进了扩展层的物质迁移，而且也引起了耐火材料的磨损加大。

再如，向井楠宏等人用 CaO – Al$_2$O$_3$ – SiO$_2$ 熔渣及 CaO – Al$_2$O$_3$ – CaF$_2$ 熔渣研究过 Al$_2$O$_3$ – C 质连铸用浸入式水口材料的（粉末 – 金属）界面局部熔损。他们的研究是采用 X 射线透射装置，直接观察局部熔损进行中的水口材料（坩埚） – 熔渣 – 金属三相边界附近的情况。结果查明，局部熔损部位的熔渣－金属界面，一方面反复进行如图 5-20 所示的上下运动，另一方面则产生了局部熔损。像图 5-20 那样的熔渣－金属界面处于下降期时，水口材料和金属间浸入了熔渣而形成了渣膜，由水口材料产生氧化物熔解于渣膜中。如果水口材料表面变成了富石墨化，那么和石墨黏附不好的渣膜就会被绽开而后退，接着则由黏附良好的金属使水口材料表面被黏着，导致熔渣－金属界面上升（图 5-20）。在这个熔渣－金属界面的上升期间，与金属直接接触的石墨便迅速地熔解于金属中。相反，如果水口材料表面变成了氧化物富化区，那么同氧化物黏附良好的熔渣会从上部渣相浸入而再次形成渣膜。由于这一过程反复发生使局部熔损不断进行。显然，熔渣－金属界面上下运动一个周期的时间越短，局部熔损速度就越大。

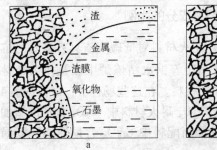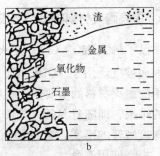

图 5-20　在浸入水口材料的局部熔损部位附近的
熔渣－金属界面的上下运动情况
a—上升期；b—下降期

　　在实际的连铸工艺中，因为金属中的碳浓度低，所以石墨向金属中的熔解速度快，熔渣－金属界面的上升期与下降期相比，是非常短的，因而这个上升期便成为局部熔损的主要推进期。这一结果为我们在材质设计时对如何控制连铸水口在熔渣－金属界面的局部熔损，提高水口使用寿命提供了重要依据。

　　可见，解释局部熔损机理即可为确立防止局部熔损奠定基础。另外，从广义上来看，扩大、深化关于高温界面现象的研究对于确立抑制耐火材料的局部熔损的对策也是重要的内容。

　　现在看来，可以根据不同的使用场合，分别采用不同的对策来抑制耐火材料局部熔损的速度。

5.5.1　改良材质

　　在实际连铸中，可根据 Al_2O_3 – C 浸入式水口的局部熔损中熔渣 – 金属界面的上升期比下降期显著短这一特征，认为抑制局部熔损最好是使熔渣 – 金属界面的上升期消失，下降期长的观点进行水口材质改良。这方面最有说服力的例子是向井楠宏等人将同熔渣黏附性比石墨更好的 BN 加到 Al_2O_3 – C 浸入式水口材质中，结果实现了上升期基本消失，局部熔损部位的水口材质表面经常被熔渣覆盖，从而隔断了水口材质中的石墨同金属的直接接触，抑制了 Al_2O_3 – C 浸入式水口的局部熔损。

5.5.2　提高耐火材料中低熔解成分的比例

　　早已了解，MgO – Cr_2O_3 耐火材料对低碱度渣具有良好的抗侵蚀性，因而被广泛用于 VOD、RH 等钢水精炼炉中以及作为熔融还原炉应用的耐火材料的重要候补材料。在这些场合中，可根据图 4 – 33 所示的结果，即随着 MgO – Cr_2O_3 耐火材料中 Cr_2O_3 含量的增加局部熔损深度减轻的事实，通过提高配料中 Cr_2O_3 含量便能降低局部熔损量，提高使用寿命。

5.5.3　开发新材质

　　仍以连铸用浸入式水口为例，考虑到 ZrO_2 向熔渣中的熔解速度低，而且 ZrO_2 还可变成微粒悬浮于渣膜中，可提高渣膜表观黏度，抑制渣膜运动，结果使下降期的水口材料产生氧化物熔解的速度降低以及使整体的局部熔损被有效地抑制，从而开发出 ZrO_2 – C 浸入式水口代替 Al_2O_3 – C 浸入式水口，而使局部熔损得到了有效控制。

5.5.4　进行熔渣控制

　　吉富丈纪等人认为，对于像高炉出铁槽内衬在熔渣 – 铁水界面发生的显著局部熔损，可以从抑制渣膜运动出发，采用如下措施来

控制:

(1) 在渣膜运动中使碳悬浮。当金属中的碳浓度接近饱和区域中碳的浓度时,随着碳浓度的提高,局部熔损显著减少,因而认为可以通过增碳操作来抑制局部熔损。

(2) 向熔渣中加入溶解度低而且具有高熔点的氧化物或产生像 ZrO_2 那种溶解度低的物相（例如 ZrO_2）。也就是说,通过对熔渣进行控制可有效地抑制耐火材料的局部熔损。

5.5.5 改变内衬设计

对于发生在不同种类耐火材料边界上的显著熔损主要是设立隔离带。例如,钢包内衬 MgO－C 衬砖和高铝衬砖之间使用 MgO－Cr_2O_3 砖时就不发生局部熔损;也可以通过改变异种耐火材料接缝的位置来控制不同种类耐火材料边界上发生显著局部熔损的问题。

5.6 MgO－CaO－C 耐火材料的蚀损与应用

钢包使用 MgO－CaO－C 耐火材料的原因是为了克服 MgO－C 耐火材料的弱点,强化在高温下的稳定性,但由于其热机械强度和高温弹性系数都比 MgO－C 砖低（图 5－21 和图 5－22）,由此所计算出来的高温刚性（图 5－23）也比 MgO－C 砖低,因而表明它在机械压力下的耐久性不如 MgO－C 砖高。另外, MgO－CaO－C 砖容易被高碱度 CaO－Al_2O_3 系熔渣以及含氧化铁高的高碱度熔渣所侵蚀,所以 MgO－CaO－C 砖的应用范围受到了限制。然而, 由于 MgO－CaO－C 砖具有良好的挂渣性这一特征,而且对 CaO－SiO_2 系精炼熔渣和不锈钢精炼炉等低碱度熔渣的侵蚀具有良好的抵抗性,故可以根据熔渣组成,在特定的使用条件下应用,而获得比 MgO－C 砖更高的使用寿命。

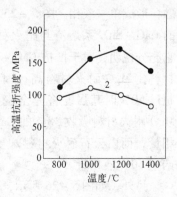

图 5－21　高温抗折强度
1—MgO－C; 2—MgO－CaO－C

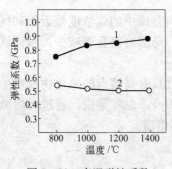
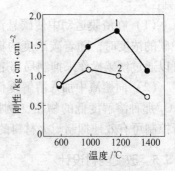

图 5-22 高温弹性系数
1—MgO-C；2—MgO-CaO-C

图 5-23 高温刚性
1—MgO-C；2—MgO-CaO-C

类似 MgO-C 砖，在与熔渣接触时，MgO-CaO-C 砖的蚀损速度，在碳含量低时，由 MgO 和 CaO 的熔出反应以及碳氧化脱碳反应共同控制。这说明 MgO 和 CaO 的熔出反应是导致 MgO-CaO-C 砖蚀损的一个重要的控制因素。这可由 MgO-CaO-SiO_2 三元系相图来解释。图 5-24 是该三元系 1600℃ 等温截面图，它表明：当 MgO 耐火材料同 CaO/SiO_2 = 1.0（质量比）的 CaO-SiO_2 系熔渣相遇时，吸收 78%（质量分数）的 CaO-SiO_2 系熔渣就会完全熔融，形成单一液相，而白云石（含 50% MgO，50% CaO，均为质量分数）耐火材料却要吸收 82%（质量分数）的 CaO-SiO_2 系熔渣才能完全熔融，形成单一液相。图 5-25 示出了这两种耐火材料吸收不同数量的 CaO-SiO_2 系熔渣与耐火材料同该熔渣反应生成液相量的关系，它充分说明，对于抵抗 CaO-SiO_2 系熔渣的侵蚀，MgO-CaO 耐火材料比 MgO 耐火材料高。因为耐火材料生成液相量（质量分数）超过 50% 时其强度将完全丧失。如图 5-25 所示，在 1600℃ 时，MgO 耐火材料吸收 38% 的 CaO-SiO_2 系熔渣量时就会产生 50% 液相量，而白云石耐火材料却要吸收 67% 的 CaO-SiO_2 系熔渣才能产生 50% 液相量。

另外，如图 5-26 所示，MgO-CaO-C 耐火材料由于其 CaO 成分可使工作面附近熔渣的 CaO/SiO_2 比上升，提高其黏度，具有将工作面涂上渣层的功能。

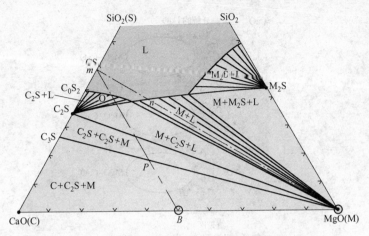

图 5－24　CaO－MgO－SiO$_2$ 系 1600℃等温截面图

（MgO、白云石、CaO/SiO$_2$ =1 的渣间反应）

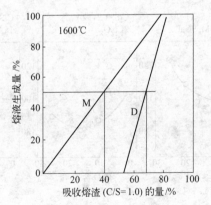

图 5－25　MgO（M）和白云石（D）

吸收熔渣量与熔液生成量的比较

　　图 5－27 所示的试验（回转抗渣试验）结果则表明，在 CaO－SiO$_2$ 系熔渣中，CaO 含量高的 MgO－CaO－C 耐火材料具有较高的抗侵蚀能力的原因是：MgO－CaO 砂颗粒接触这种熔渣时，由于从其中熔出的 f－CaO 会立即同熔渣成分反应生成高熔点 2CaO·SiO$_2$ 和 3CaO·SiO$_2$，固化密积于耐火材料的表面，使熔渣高黏度化并在耐火材料工作表面上形成坚固的保护层。

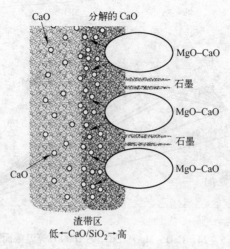

图 5 – 26 MgO – CaO – C 砖使用后的渣带区分析示意图

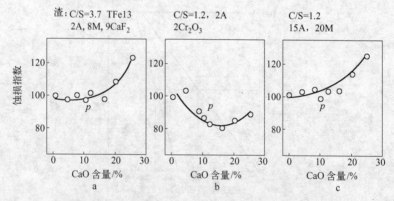

图 5 – 27 MgO – CaO – C 砖中 CaO 含量与蚀损指数的关系

另外，如图 5 – 28 所示，在 CaO – Al₂O₃ 系熔渣中，MgO – CaO – C 耐火材料的损耗相当严重，并随材料中 CaO 含量的提高而加大。其原因是由于从其中熔出的 f – CaO 会立即熔于 CaO – Al₂O₃ 系熔渣中，使耐火材料工作表面上不能形成保护层而加大了材料的损毁。

由图 5 – 27a 看出，MgO – CaO – C [w(C) =16%] 砖对于抗含铁氧化物的高碱度熔渣的侵蚀几乎没有优点。而且当材料中 CaO 含

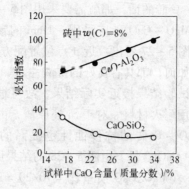

图 5 – 28　MgO – CaO – C 砖抗侵蚀试验
(回转侵蚀法)

量 (质量分数) 超过 20% 时其侵蚀加快。CaO 含量低于 20% ~ 15%
时, 由于 CaO 在 MgO – CaO 砂的大结晶中呈孤立状态存在, 粗颗粒
部分对铁氧化物的化学侵蚀有保护 MgO 的效果, 在粗颗粒表面上露
出的部分 CaO 与铁氧化物反应, 后者又与材料中碳反应, 导致熔渣
熔点上升, 黏度增大, 从而控制了 MgO – CaO 砂的熔流。而当材料
中 CaO 含量超过 20% 时, CaO 在 MgO – CaO 砂中的密集度增大, 这
便提高了材料中粗颗粒和细粉与氧化物的反应性, 结果则导致材料
的耐蚀性下降。

　　图 5 – 27b 则表明, MgO – CaO – C 砖中 CaO 的含量为 10% ~
20% 时, 耐蚀性最高。这说明 CaO 的含量为 10% ~ 20% 的 MgO –
CaO – C 砖对低碱度熔渣具有优良的耐蚀性能。如所了解的那样, 对
于低碱度熔渣, MgO 具有形成低熔点物相组成 (CaO · MgO · SiO$_2$
和 3CaO · MgO · 2SiO$_2$) 的性质, 使基质生成低熔点物相, 导致粗颗
粒还未完全熔解就被冲入熔渣中。另外, 虽然 CaO 具有在低碱度熔
渣中同熔渣成分反应性较大的缺点, 但因能形成高熔点物相, 如图
5 – 26 所示, 从而能在同熔渣反应时按基质→粗颗粒的顺序反应, 使
熔渣高黏度化, 形成整体后才流失。结果表现出抗低碱度熔渣的侵
质性具有上述两方面的特点, 因而会存在最佳 CaO 含量的范围。

　　图 5 – 27c 说明, MgO – CaO – C 砖对于含较高 Al$_2$O$_3$ 的熔渣的侵
蚀, 也具有与含较高铁氧化物的熔渣一样的弊病。在这种情况下,

要选用 MgO – CaO – C 砖的话，那就需要采用图 5 – 27 中 p 点附近组成的配方。而且，MgO – CaO 砂应采用 + 1mm 的颗粒，细粉则选用优质电熔镁砂。由图 5 – 27 看出：近 p 点位置配方的 MgO – CaO – C 砖，不论渣的组成如何，都具有良好的抗渣性。

由于回转抗渣试验结果接近实际结果，故可根据图 5 – 28 的结果来设计二次精炼用耐火材料。对于 Si 还原渣，由于随着 CaO 含量的提高，MgO – CaO – C 砖的抗侵蚀性也提高的事实，故应增加 MgO – CaO – C 砖中 CaO 含量。由图 5 – 28 的结果可以得出，其 CaO 含量不应低于 20% （MgO/CaO 质量比 = 70/20 = 3.5）。但当 MgO/CaO > 3.5 时，其蚀损速度会加快，并观察到 MgO/CaO 质量比 = 72/17 的 MgO – CaO – C 砖有局部熔损的现象。相反，MgO/CaO 质量比 < 3.5 时，对于提高 MgO – CaO – C 砖的抗侵蚀性也不太明显。因此认为，在低碱度 CaO – SiO$_2$ 系熔渣中使用的 MgO – CaO – C 砖中 MgO/CaO ≈ 3.5 质量比较为合适。

对于 Al 还原渣，由于随着 MgO 含量的提高，MgO – CaO – C 砖的抗侵蚀性也提高，说明在 Al 还原渣中应用的 MgO – CaO – C 砖中应当尽量降低 CaO 含量，并以 MgO/CaO → ∞ 的耐火材料即 MgO – C 耐火材料便能与 CaO – Al$_2$O$_3$ 系熔渣的使用条件相适应。

5.7　碳质耐火材料蚀损的简单分析

众所周知，碳质耐火材料（如炭砖），由于具有热导率高、抗渣性强、高温强度大、耐热震性好，同时具备能够大型化等优点，所以被大量用于高炉炉底和炉缸等决定高炉使用寿命的重要部位，以适应总有 1600℃ 的铁水停留而造成大修困难等使用条件的要求。

然而，随着高炉效率的提高而增加了高炉耐火内衬的应力，其中高炉炉底和炉缸炭质内衬体现出一种综合过程，而且是由热化学蚀损和热机械蚀损方式复合构成的。产生侵蚀的机理是：

（1）金属渗透。由于铁水的渗透将改变炭砖材料的物理参数（性能）。

（2）炭砖熔解。进入熔液中的碳导致炭砖熔解在碳次饱和的铁水中。

（3）锌和碱熔融产物的流动。这会导致物质传递和热导率的提高，并使工作表面的碳损耗。

（4）应力。金属的沉积因内衬中不稳定的热流而形成裂纹以致剥落损毁。

这些机理并不是单一出现的，而是综合作用并互相强化，结果则导致炭砖损毁。下面，我们只就铁水对炭砖的渗透和熔解问题作些简单的介绍。

由于碳质耐火材料易被铁水所润湿，所以铁水容易渗透进入炭砖内部气孔中。用于高炉炉缸部位的炭砖一般都由疏松的结合基质及其中的粗大颗粒碳组分构成。显然，其结合基质有可能被铁水渗透而加速碳质内衬的蚀损过程。通常认为，铁水渗透进入炭砖内部气孔中是通过图 5-29 所示的三种力相互作用的结果。

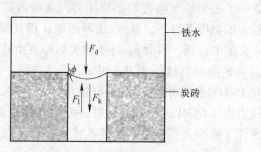

图 5-29 铁水渗入开口气孔中时力的分布

图 5-29 表明，由铁水熔池的铁水重量将铁水往炭砖气孔中挤压的压力为：

$$F_d = p_{Fe}\pi d/4 \qquad (5-42)$$

毛细管吸力为：

$$F_k = \pi d\sigma\cos\phi \qquad (5-43)$$

和摩擦力为：

$$F_r = 8\pi\eta\xi dx/dt \qquad (5-44)$$

式中，p_{Fe} 为铁水熔池的压力；d 为炭砖内部气孔的直径；η 为铁水黏度；ξ 为迷宫系数；ϕ 为铁水/碳的边缘的浸润角；x 为气孔坐标轴。

三者合力为：

$$F = F_{Fe} + F_k - F_r \qquad (5-45)$$

当 $F > 0$，即 $F_{Fe} + F_k > F_r$ 时，将发生铁水向炭砖内部气孔中的渗透（发生渗透）。

当 $F = 0$，即 $F_{Fe} + F_k = F_r$ 时，铁水向炭砖内部气孔中的渗透达到平衡（渗透停止）。

当 $F_r = 0$，相当于炭砖内部气孔正好尚未被铁水渗透的临界状态，此时：

$$F_l + F_h = F_r = 0 \quad F_d + F_k = F_r = 0 \qquad (5-46)$$

因而：

$$F_d = -F_k \qquad (5-47)$$

也就是：

$$F_{Fe} = -(4\sigma\cos\phi)/d \qquad (5-48)$$

式 5-48 表明铁水渗透的必要压力与炭砖内部气孔有直接的关系。在特定的温度条件下，铁水/碳界面能 σ 以及碳与铁水的浸润角 ϕ 均可从文献中查到，因而 p_{Fe} 与 d 的关系即可由式 5-42 确定。实际观测结果表明：当过压为 0.1MPa（1bar）时，一个直径约 $65\mu m$ 的气孔在 1500℃ 的铁水温度下正好被渗透；而在 $10\mu m$ 的气孔中，在有效压力为 0.66MPa（6.6bar）时，可能有铁水渗入。这就说明，在这种条件下减少大于 $10\mu m$ 的气孔比例，就足以有效地限制铁水渗透。

由于铁水柱的铁静压及高炉（炉顶）高压运行操作，从而决定了铁水向炭砖内部气孔中的渗透是可能的。实际也观察到，从高炉停风时拆除的衬砖中，炉缸和炉底的残砖中的铁成分比例达到 50%，渗透深度达到 1m。这种渗透现象虽然可以应用上述理论进行评价，但在实际评价时还应考虑铁水渗透时所导致气孔扩张的影响。

铁水渗透进入炭砖内部气孔中的一个直接后果是加剧了炭砖成分向铁水中的纯熔解过程。

众所周知，高炉炉缸范围接受由风口平面滴下的铁水，因而直接受到铁水的侵蚀。如果铁水滴下后尚未被饱和（此种铁水称为次饱和铁水），那么就可能从炉缸范围的炭砖中再吸收碳，直至饱和为止。炭砖成分熔解速度取决于铁水中碳的饱和量、铁水的成分和温

度。图5-30~图5-33示出的是采用"旋转圆柱体"的试验方法
所进行的抗铁水熔解的试验结果。图5-30是无添加剂的无烟煤为
原料的非晶质炭砖试样抗铁水侵蚀的结果。它表明在试验的最初阶
段，铁水熔解碳的速度相当快，此后则逐渐接近最大值（接近铁水
饱和度）。而且添加或不添加焦炭的炭砖试样的熔解曲线都非常类
似，表明它们的熔解机理是相同的。

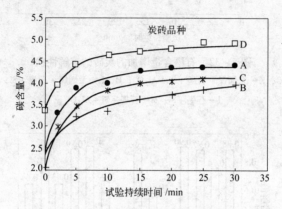

图5-30　非晶质炭砖的熔解性状
A—无烟煤+冶金焦；B，D—无烟煤；C—无烟煤+石油焦

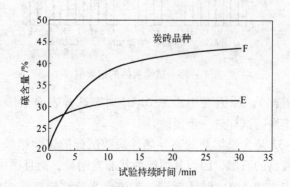

图5-31　有添加剂非晶质炭砖的熔解性状
E—无烟煤+Si+Al₂O₃；F—无烟煤+石油焦+Si

图5-31表明，当向上述非晶质炭砖试样中添加 Si 或 Si + Al_2O_3
时能改善炭砖试样抗铁水的侵蚀性，其中 Al_2O_3 效果比 Si 大（由 E

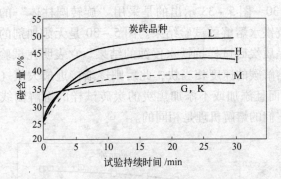

图 5-32 石墨含量增加的炭砖的熔解性状

G, K—无烟煤 + 石墨 + Si + Al₂O₃；H, L—无烟煤 + 石墨 + Si；

I—石墨 + Si；M—石墨 + Si + Al₂O₃

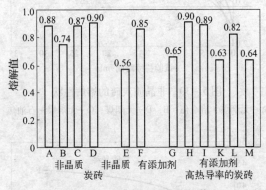

图 5-33 试验炭砖的熔解值

与 F 对比看出)。原因在于添加 Al_2O_3 时，试样表面上形成了保护层，可防止炭砖试样进一步侵蚀。

图 5-32 是含添加剂的高导热性炭砖试样的试验结果。由于试样中含有较高的石墨，因而其熔解性状非常明显，而且图中也表明，当往基质中添加 Al_2O_3 时还能进一步改善炭砖试样抗铁水的侵蚀性能，而仅添加 Si 的炭砖试样却没有表现出很高的抗铁水侵蚀的性能。

由以上分析可以得出下述结论：

（1）铁水渗透进入炭砖组织中的数量取决于其气孔大小，因而认为在开发新型碳质耐火材料品种时，应通过配入相应要求的添加剂的方法将气孔调整到较小的平均气孔大小范围之内。通过研究得出：添加 Al_2O_3 对改进气孔大小及其分布的作用很小，而添加 Si 时的作用大，如图 5 - 34 所示。图中表明，不加 Si 的平均气孔为 5μm，而加 Si 的平均气孔则降低到 0.1μm。根据这一事实，便开发了微孔炭砖和超微孔炭砖，如表 5 - 8 所示，从而大大改善了抗铁水的渗透性、抗碱性和抗氧化性。表 5 - 8 表明，微孔炭砖是将普通炭砖气孔直径从 4 ~ 5μm 减小到 0.5μm，而超微孔炭砖则是将普通炭砖的气孔直径从 4 ~ 5μm 减小到 0.2μm。

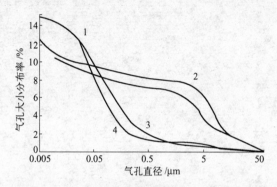

图 5 - 34　含不同添加剂的炭砖中的气孔大小分布

1—标准的炭砖 A；2—炭砖 A + Al_2O_3；3—炭砖 A + Si；4—炭砖 A + Al_2O_3 + Si

表 5 - 8　金属硅添加量的影响

项　　目	a	b	c	d
Si 加入量（质量分数）/%	0	3	5	10
体积密度/g·cm⁻³	1.397	1.420	1.435	1.487
比　　重	1.861	1.879	1.894	1.891
总气孔率/%	24.9	24.4	24.2	23.4
耐压强度/MPa	49.6	47.3	58.4	62.9
渗透性/mm·h⁻¹	98	13	11	3
气孔尺寸/%（1μm 的部分或较大气孔在总气孔中的比例）	83.6	62.3	50.6	27.2
灰分/%	4.4	8.3	10.9	16.8

（2）铁水侵蚀炭砖的情况主要发生在低硅和低碳含量的场合，熔解主要位于对铁水抵抗性最小的部位（基质）。研究结果表明，加有 Al_2O_3 的炭砖可明显提高抵抗铁水的熔解性，而只加 Si 的炭砖对提高抗铁水熔解性的作用是相当有限的。

（3）实际观察发现，减小气孔直径大于 $10\mu m$ 的气孔比例即可有效防止铁水的渗透。同时还观察到，无烟煤基质的传统炭砖的抗铁水的熔解性优于配加石墨的炭砖。在任何情况下，往基质中添加 Al_2O_3 等物质都能大大改善炭砖抗铁水的熔解性。

6 高温气体对耐火材料的腐蚀

高温工业窑炉内衬耐火材料与其燃烧气体接触时，有可能发生各种化学反应而导致其蚀损。

6.1 氧化性气体造成的损毁

根据高温工业窑炉的使用条件，窑内气氛有可能是氧化性气体，还原性气体或者是具有强腐蚀性气体。

对于不含腐蚀性成分的氧化性气体（氧分压较高）的高温窑炉来说，选择氧化物系耐火材料砌筑内衬时，其寿命几乎不成问题。但是，与氧化物系耐火材料不同，非氧化物系或非氧化物与氧化物复合耐火材料砌筑内衬时，却会因氧化损耗而导致其蚀损。在这种情况下，由于其氧化损耗的机理与碳复合耐火材料的氧化损耗机理类似，因而可用后者（例如 $MgO-C$ 耐火材料）的气相氧化机理来解释。同时也可借助 $MgO-C$ 耐火材料等的气相氧化动力学方程式来描述，详见 5.1.1 节。

然而，SiC、Si_3N_4 和 Al_4SiC_4 等含硅的非氧化物系耐火材料在高温燃烧的氧化气氛中，由于是在氧分压较高的条件下可在其工作表面形成致密的氧化保护膜（SiO_2 保护膜），而且氧的扩散系数小，所以可显示出优异的抗氧化性。不过，当氧分压低时，氧化性状则由从氧扩散控速的保护性氧化转变为生成 $SiO(g)$ 的活性氧化，所以失去了抗氧化性。另外，即使 $p(O_2)$ 高，但若气体中含有 $NaCl$ 等碱性卤化物之类熔盐析出时，氧化保护膜的黏性即会降低而增大氧化速度，导致内衬损毁。

6.2 还原性气体造成的损毁

当耐火材料长期暴露在 $400\sim700℃$ 的还原性气氛中时，有可能导致下述临界反应的发生：

$$2CO(g) \longrightarrow C(s) + CO_2(g) \qquad (6-1)$$

$$\Delta G^{\ominus} = -38355 + 40.3T \qquad (6-2)$$

当 $\Delta G^{\ominus} = 0$ 时，可求出标准状态下 $T_e = 680℃$。另外，CO 分压对反应 6-1 也有影响，即 $p(CO)$ 降低时反应温度也会下降。

反应 6-1 说明，CO 在上述温度范围内是热力学不稳定相，从而导致碳沉积。

不过，如实验研究结果表明的那样，如果没有催化剂，反应 6-1 达不到平衡。但是，当耐火材料中存在铁氧化物时，便可观察到在已破裂的耐火制品中总可以发现碳沉积在铁聚集之处，其成分为 Fe_2O_3，而且暴露于 CO 中时，Fe_2O_3 被还原为 $FeO \rightarrow Fe \rightarrow Fe_3C$ 等。

沉积有碳的耐火材料层带为耐火材料 - C 系统，它们在高温中的稳定性即可由图 6-1 得到了解。

碳在耐火材料中沉积时，有可能因膨胀、裂纹的产生而导致耐火衬体损坏。此外，还有可能会导致耐火材料成分在高温使用过程中被碳还原，产生气相挥发而损耗。例如，某耐火材料厂曾经发现新建的以焦炉煤气为燃料的高铝砖烧成隧道窑，运行两年后停窑检查时发现全部硅质烧嘴砖都不翼而飞了。这显然是由于在长期运行中碳沉积导致 SiO_2 转变为 $SiO(g)$ 气相挥发而使硅质烧嘴砖损耗的结果。

6.3 腐蚀性气体造成的损毁

以废油为燃料的水泥窑废气中含有大量的硫和氯气，玻璃窑废气中含有大量的 SO_3 和 K_2O、Na_2O 等，废弃物焚烧炉、熔融炉废气中也会产生硫酸气体、氯化氢气体等酸性气体。这些酸性气体都具有很强的腐蚀性，对耐火材料造成腐蚀。

6.3.1 Cl_2 和 HCl 造成的损毁

在没有氧气共存的情况下，耐火氧化物与 Cl_2 以及 HCl 的高温反应可用下述通式来描述：

$$MO(s) + Cl_2(g) \longrightarrow MCl_2(g) + 1/2O_2(g) \qquad (6-3)$$

$$MO(s) + 2HCl(g) \longrightarrow MCl_2(g) + H_2O(g) \qquad (6-4)$$

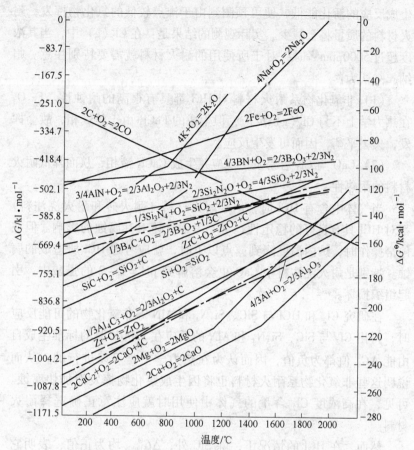

图 6-1 含碳耐火材料中，有关元素、碳化物和
氮化物同氧反应的标准自由能变化

通过热力学计算得出多种耐火氧化物在 1300K 时与 Cl_2 和 HCl 之间的反应式 6-3，标准生成自由能 ΔG^Θ 值在任何情况下均为正值，因而正反应不能进行。然而，在气体流动的条件下，由于生成的 $O_2(g)$、$H_2O(g)$ 和氯化物气体的分压非常低，所以式 6-5 中第二项将变为非常大的负值，而使 ΔG 全部都变为负值。

$$\Delta G = \Delta G^\Theta + RT\ln K_p \qquad (6-5)$$

在这种情况下，有关上述正反应却是能够进行的。如果氯化物生成反应的活化能低，便可预测到由于沸点较低的氯化物挥发，耐火材料的质量将会减少。实际观测的结果是：在 $Cl_2(g)$ 中，当其浓度超过 5000ppm❶ 时，对于所使用的耐火材料就需要特别注意。归纳起来认为：

（1）非氧化物系耐火材料对 HCl 都具有很高的耐蚀性。Fe_2O_3 在热力学上不与 $Cl_2(g)$ 反应，但生成的 $FeCl_3$ 由于是气相，故会挥发，失去平衡，因而可发生反应。

（2）CaO 与 Cl_2 容易发生反应并生成 $CaCl_2$ 液相，从而降低耐火材料的耐热性。

当气体中含有 HCl 时，由于耐火材料（耐火砖和耐火浇注料）都对 HCl 具有良好的稳定性，可不考虑气体对其腐蚀的影响。但在停窑操作时，炉内温度降到露点以下时，就应考虑 HCl 所造成的腐蚀。特别是耐火浇注料中 CaO 更会溶解到 pH = 1 ~ 2 的强酸中，引起组织损坏。

在研究 Cl_2 和 HCl 与 SiC、Si_3N_4 和 AlN 等非氧化物的可能反应时，得出 Cl_2 与 SiC、Si_3N_4 和 AlN 的反应在 1300K 时的标准生成自由能 $\Delta G^{\ominus}$ 值都为负值，因而认为在热力学上是可以进行的，从而说明这些非氧化物系耐火材料也将因生成氯化物挥发而加快腐蚀。可见，在高浓度 Cl_2 含量的气体中使用时就应注意正确选择耐火材料。

然而，在 HCl 的情况下，除 SiC 外，$\Delta G^{\ominus}_{1300K}$ 均为正值，表明它们在热力学上是稳定的，因而对 HCl 都具有很高的耐蚀性。

6.3.2 SO_3 气体造成的腐蚀

当以废油作为水泥回转窑的燃料时，由于废油一般都含有大量的氯和硫，因而燃烧气体中不仅含 $Cl_2(g)$ 而且还含 $SO_3(g)$，使窑衬耐火材料的侵蚀增大。

$SO_3(g)$ 和 $Cl_2(g)$ 在 700 ~ 1000℃ 左右与 MgO 反应生成 $MgSO_4$

---

❶ 1ppm = 10^{-6}。

和氯化物会与工作表面接触的碱性内衬耐火材料的基质进行反应，导致工作表面疏松，严重降低其使用寿命。

在玻璃窑蓄热室的气体中，除了氯之外还含有 V_2O_5 以及碱类。其中中段格子体的上部是 V_2O_5 侵蚀区。V_2O_5 来自重油，它主要侵蚀以 $2CaO \cdot SiO_2$ 为结合相的上部格子层镁质格子砖。其反应过程是在氧化气氛中 $1150 \sim 1250℃$ 的条件下，V_2O_5 与 CaO 反应生成低熔点的钒酸钙，而在还原气氛下生成挥发性钒酸钙，导致镁砖的结合相中失去部分 CaO，使 CaO/SiO_2 比发生变化，即硅酸盐相从 $2CaO \cdot SiO_2 \rightarrow 3CaO \cdot MgO \cdot 2SiO_2 \rightarrow CaO \cdot MgO \cdot SiO_2$，而使镁质格子砖受到严重侵蚀。

6.3.3 碱类造成的腐蚀

碱类（Na_2O、K_2O 等）存在于燃烧气体或者存在于含有酸性（Cl^-、Cl_2 和 SO_3）的燃烧气体即含 NaCl、KCl、Na_2SO_4 和 K_2SO_4 的气体中，由于 Na_2O、K_2O 以及它们的氯化物和硫酸盐属于低沸点的挥发性物质，而且具有很强的侵蚀能力，所以会渗透进入耐火材料结构中，温度变动便会引起其冷凝和蒸发，产生凝固和熔解过程，使材料结构变弱，表面疏松而损坏。这些含有高侵蚀性能成分的气体还会同耐火材料成分发生相当复杂的化学侵蚀反应，导致材料严重蚀损。

高温气体中的碱类（Na_2O、K_2O 等）及其氯化物和硫酸盐对耐火材料腐蚀程度可用相关相图来预测。例如，当 K_2O 渗入 SiO_2 - Al_2O_3 系物料中时，将会使 Al_2O_3 - $3Al_2O_3 \cdot 2SiO_2$ 系无变点温度的 $1840℃$ 迅速降低到 Al_2O_3 - $3Al_2O_3 \cdot 2SiO_2$ - $K_2O \cdot Al_2O_3 \cdot 4SiO_2$ 系无变点温度的 $1315℃$，下降了 $525℃$。另外，将 K_2O 换成 Na_2O 时，相应液相出现的温度则由 Al_2O_3 - $3Al_2O_3 \cdot 2SiO_2$ 系无变点温度的 $1840℃$ 迅速降低到 Al_2O_3 - $3Al_2O_3 \cdot 2SiO_2$ - $Na_2O \cdot Al_2O_3 \cdot 6SiO_2$ 系无变点温度的 $1140℃$，下降了 $700℃$。可见，碱类及其强酸盐是 SiO_2 - Al_2O_3 耐火材料的强溶剂。但对 SiO_2 含量高的 SiO_2 - Al_2O_3 耐火材料却要低一些，这可由图 6 - 2 中等温曲线走向看出。

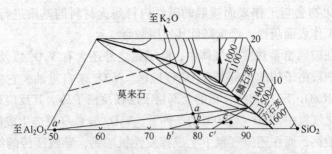

图 6 - 2　SiO₂ - Al₂O₃ - K₂O 三元系与低 Al₂O₃ 的
SiO₂ - Al₂O₃ 系耐火材料有关的部分

6.4　耐火材料的选择

上述分析表明，由于高温窑炉的操作条件不同，因而其燃烧气体存在的侵蚀性成分也是不同的，从而导致与之接触的耐火材料受到各种不同的严重侵蚀。这说明只有根据具体的使用条件选择相应的耐火材料才能获得高的使用寿命。具体说来，主要有以下几个方面：

（1）在存在高 CO 含量的高温气体的窑炉中，非氧化物系耐火材料，特别是 C – SiC 质耐火材料是最佳的选择。

（2）在含有 Cl₂ 或/和 HCl 的高温气体的窑炉中，选用尽可能低 FeO 含量的 SiO₂ – Al₂O₃ 耐火材料便能满足使用要求。

（3）以废油为燃料的水泥回转窑的燃烧气体中含 Cl₂ 和 SO₃ 量大，应选用具有较高的抵抗硫和氯侵蚀的 MgO – Spinel 耐火材料，特别是通过 Spinel 结合的加强技术制造的第三代 MgO – Spinel（Al₂O₃）耐火材料。这种高性能耐火材料是以优质 Spinel（原位 Spinel）为基础结合的电熔镁砂和电熔 Spinel 为特点的高技术 MgO – Spinel（Al₂O₃）耐火材料，它能提高由于过热所引起液相侵蚀的抵抗性。使用结果表明，这种高性能 MgO – Spinel（Al₂O₃）耐火材料特别能适用以废油为燃料的燃烧值波动大，导致严重局部蚀损部位的使用条件，可明显延长其寿命。

（4）对于与含碱类和 SO₃ 的高温气体接触的内衬耐火材料，例如玻璃窑蓄热室的中段格子砖可选用 $MgO - 2MgO \cdot SiO_2$ 耐火材料。因为它们不仅具有很高的抵抗碱性硫酸盐侵蚀的能力，而且价格便宜。在需要进一步提高抗侵蚀性时，则可选用 $MgO - ZrO_2 \cdot SiO_2$ 耐火材料。因为这种耐火材料中 $ZrO_2 \cdot SiO_2$ 在高温下由于同 MgO 反应生成 $2MgO \cdot SiO_2$ 和 $t - ZrO_2$ 而形成 $2MgO \cdot SiO_2 - ZrO_2$ 连续基质相，其抗侵蚀能力非常强。

由于窑炉中高温气体所含侵蚀性极强的 Cl_2、HCl、SO_3 和碱类都具有高渗透性这一特征，故认为所选用的耐火材料必须具备致密度高、透气性低、抗热震性能好等优点才能与之相适应。

7 耐火材料的挥发/氧化损耗

耐火材料蒸发反应所导致的损耗主要发生在氧化物系耐火材料中，而耐火材料发生氧化所导致的损耗则主要发生在非氧化物系耐火材料和非氧化物与氧化物复合耐火材料中，下面分别进行介绍。

7.1 耐火材料中氧化物的反应挥发

在真空脱气（RH、DH、ADV 等）条件下应用的氧化物系耐火材料有可能发生各组分之间的反应而加速耐火内衬的蚀损。

实际运行时可以预见到的一些耐火材料组分之间发生反应的演变情况有：

（1）SiO_2 和 MgO 会发生分解并相应生成 $SiO(g)$、$Mg(g)$，甚至生成 Si。因此，当压力下降到 399.9Pa（3Torr）以下时，钢水处于真空脱碳中，SiO_2 会受到钢水中碳的侵蚀。

（2）含 P_2O_5 的耐火制品（不烧砖，含磷酸铝、磷酸钠、磷酸钙结合剂的不定耐火材料）会释放出磷。

（3）Cr_2O_3 会发生分解并产生诸如 CrO_3、CrO_2 等化合物甚至产生金属铬。

众所周知，Cr_2O_3 以及含铬氧化物系耐火材料在高温气氛变动的条件下会发生一系列反应而导致其损坏。

早已了解到，铬与氧可以形成一系列氧化物，一般稳定存在的氧化物为 Cr_2O_3 和 CrO_3，而 CrO_2 不稳定，通常只存在于高温熔体中。

根据氧的浓度，$Cr - O$ 系可以分为 $Cr - Cr_2O_3$ 子系和 $Cr_2O_3 - CrO_3$ 子系。在 $Cr - Cr_2O_3$ 子系中，1660℃熔化的结晶组成（$Cr/Cr_2O_3 = 20/80$）很接近 CrO 的组成。

当加热 CrO_3 时将会按下式分解并析出 O_2：

$$2CrO_3 \longrightarrow Cr_2O_3 + 3/2O_2 \qquad (7-1)$$

由此可见，Cr_2O_3 是稳定的铬质氧化物，并且有很高的熔化温度（$T = 2265 \sim 2330℃$）。与此同时，Cr 的最大氧化作用程度（+6）相当于周期表上铬的位置。铬最重要的氧化程度列入表 7 - 1 中。

表 7 - 1 铬最重要的氧化程度

氧化程度	化合物
+6	CrO_3、CrO_4^{2-}、$Cr_2O_7^{2-}$
+3	Cr_2O_3、Cr^{3+}
+2	Cr^{2+}

Cr_2O_3 中 Cr—O 原子之间的结合相当强，在各种温度下不会分解。因为：

$$Cr_2O_3 = 2Cr + 3/2O_2 \qquad (7-2)$$

其反应的吉布斯自由能等于：

$$\Delta G^\ominus = 1123603.6 - 251.2T \qquad (7-3)$$

当 $T = 1600K$ 时 $\Delta G^\ominus = 721.7kJ$，当 $T = 4473K$ 时 $\Delta G^\ominus = 0$。不过，在加热条件下，Cr_2O_3 却会相应蒸发，其蒸汽总压强（atm）可以按下式计算：

$$\lg p = -25300/T + 7.74 \qquad (7-4)$$

在 $1600 \sim 1800℃$ 温度范围内，在中性条件下的气相中，从 Cr_2O_3 的分析结果中可看出四种不同物质：Cr、CrO、CrO_2 和 O_2。在这一温度范围，开始按反应式 7 - 5 进行蒸发：

$$Cr_2O_3(s) = 2Cr(g) + 3O(g) \qquad (7-5)$$

各个组分蒸气压力可按下列方程式进行计算：

$$\lg p(Cr) = -27350/T + 11.65 \qquad (1690 \sim 1930K) \qquad (7-6)$$

$$\lg p(CrO) = -23256/T + 8.43 \qquad (1820 \sim 2020K) \qquad (7-7)$$

$$\lg p(CrO_2) = -30769/T + 12.01 \qquad (1840 \sim 2010K) \qquad (7-8)$$

升华作用的速度随着温度的提高而增加，但不大。例如，在 $1530℃$ 时总共仅为 $3.05 \times 10^{-6} g/(cm^2 \cdot s)$。在高温的氧化性气氛中，$Cr_2O_3$ 会氧化为 CrO_3，而成为气态挥发：

$$1/2Cr_2O_3(s) + 3/4O_2(g) = CrO_3(g) \qquad (7-9)$$

其蒸气压力：

$$p(CrO_3) = K^{1/2}p(O_2)^{3/4} \qquad (7-10)$$

式中，$K_{(7-9)}$ 为反应式 7-9 的平衡常数，它等于：

$$\lg K_{(7-9)} = -2.46 \times 10^4 / T + 6.16 \qquad (7-11)$$

由此可求出 1200℃ 的空气气氛中 CrO_3 的分压为 $p(CrO_3) \approx$ 10^{-7} MPa，氧分压下降时 Cr_2O_3 将会还原为 CrO、CrO_2。氧分压低于 10^{-20} MPa 时，有可能还原为金属铬（Cr）。

含 Cr_2O_3 的氧化物系耐火材料中 Cr_2O_3 的稳定性虽然与纯 Cr_2O_3 会有差别，但一般说来，当温度提高和氧分压变化时也具有同纯 Cr_2O_3 转化类似的倾向。图 7-1 和图 7-2 分别示出在 1600℃ 时氧分压对 $MgO-Cr_2O_3$ 系材料蒸发速率的影响以及氧分压对 1500℃、1600℃、1700℃ 时的 $MgCr_2O_4$ 蒸发速率的影响情况，表明氧分压对 $MgO-Cr_2O_3$ 系材料和 $MgCr_2O_4$ 材料蒸发速率的影响是很明显的。这两幅图同时还表明，只有 $\lg p(O_2)(atm) = -4 \sim -5$ 时 Cr_2O_3 的蒸发速率才最低。$MgCr_2O_4$ 蒸发速率虽然同 Cr_2O_3 相比有些差别，但并不大，这表明两者具有类似的蒸发倾向。

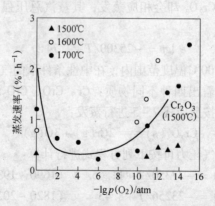

图 7-1 氧分压对不同温度时 $MgCr_2O_4$ 蒸发速率的影响

（实线为 1600℃ 时 Cr_2O_3 的蒸发速率）

图 7-1 和图 7-2 说明，Cr_2O_3 和 $MgCr_2O_4$ 在不同的氧分压下，具有不同的蒸发反应。

在高温低氧分压或真空条件下：

$$MgO(s) \Longrightarrow Mg(g) + 1/2 O_2(g) \qquad (7-12)$$

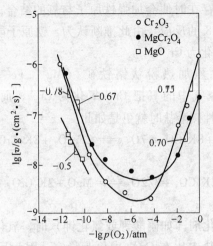

图 7-2 1600℃时氧分压 $p(O_2)$ 对
MgO-Cr$_2$O$_3$ 系蒸发速率的影响

$$Cr_2O_3(s) = 2Cr(g) + 3/2O_2(g) \qquad (7-13)$$
$$MgCr_2O_4(s) = Mg(g) + 2Cr(g) + 2O_2(g) \qquad (7-14)$$

在高温高氧分压的条件下:

$$MgO(s) = MgO(g) \qquad (7-15)$$
$$Cr_2O_3(s) + 3/2O_2(g) = 2CrO_3(g) \qquad (7-16)$$
$$MgCr_2O_4(s) + 3/2O_2(g) = MgO(g) + 2CrO_3(g) \qquad (7-17)$$

其结果都会导致铬质和 MgCr$_2$O$_4$ 质耐火材料损毁。另外,如果对铬铁矿和富氏体中铁与氧原子的结合强度比较的话,认为铬铁矿按下列反应进行分解:

$$FeO \cdot Cr_2O_3 = Fe + 1/2O_2 + Cr_2O_3 \qquad (7-18)$$

其反应吉布斯自由能变化为:

$$\Delta G^{\ominus}_{(FeO \cdot Cr_2O_3)} = 316.4 - 72.5T \qquad (7-19)$$

而富氏体分解则按:

$$FeO = Fe + 1/2O_2 \qquad (7-20)$$
$$\Delta G^{\ominus}(FeO) = 263.5 - 64.3T \qquad (7-21)$$

在 1400℃ 时, $\Delta G^{\ominus}(FeO \cdot Cr_2O_3) = 214.9kJ$, $\Delta G^{\ominus}(FeO) = 173.5kJ$, 说明纯 FeO 的分离作用较在尖晶石的分离作用容易一些,

这表明有铬离子存在时便会加强铁原子与氧的结合，因而说明不太可能发生式 7-18 的反应。由此推断认为，铁原子能在有气态氧存在时减缓 Cr^{3+} 氧化为 Cr^{6+}。

在空气中剧烈加热粉状铬铁矿 $[(Mg^{2+}, Fe^{2+})(Cr^{3+}, Al^{3+}, Fe^{3+})_2O_4]$ 时，空气中的氧把 Cr^{3+} 氧化为 Cr^{6+}，而将 Fe^{2+} 氧化为 Fe^{3+}。在加入碱性碳酸盐时就更是如此：

$$4FeCr_2O_4 + 8K_2CO_3 + 7O_2 = 2Fe_2O_3 + 8K_2CrO_4 + 8CO_2$$
$$(7-22)$$

$$MgCr_2O_4 + 2K_2CO_3 + 3/2O_2 = MgO + 2K_2CrO_4 + 2CO_2$$
$$(7-23)$$

在有附加氧化剂（如硝酸钾或氯化钾）时，氧化反应的效果增强，Cr^{6+} 在铬酸盐中比在 CrO_3 中更为稳定。因为后者在熔点温度 $T_f = 198℃$ 时，会发生分解反应，而 K_2CrO_4 在 198℃ 时并不分解。

另外，碱土氧化物（CaO、SrO 和 BaO）也是 Cr^{3+} 的强氧化剂。在有这些碱土氧化物和碱存在时，Cr_2O_3 将转变为高价氧化铬，而在氧不够的条件下又会转变为 CrO。

当镁铬和氧化钙的混合物在氧化介质中加热时，会发生下述反应：

$$3(MgO \cdot Cr_2O_3) + 9CaO + 3O_2 = 9CaO \cdot 4CrO_3 \cdot Cr_2O_3 + 3MgO$$
$$(7-24)$$

其反应温度到 1230~1250℃ 强烈进行。在 1228℃ 时过氧铬酸钙熔化。在更高的温度下，含过氧铬酸钙熔体转变为难熔产物——CaO·Cr_2O_3（$T_f = 2170℃$）和 Cr_2O_3（$T_f = 2330℃$）。这些化合物在 1930℃ 时的中性介质中形成低共熔物。

应当指出，纯 Cr_2O_3 实际上不与大气中氧发生氧化反应，式 7-9 的反应完全向左移动，其反应平衡常数 $K_{(7-9)}$ 一般为：

$$\lg K = \Delta H^{\ominus}_{298}/4.575T + \Delta S^{\ominus}_{298}/4.575 \quad (7-25)$$

式中，$\Delta H^{\ominus}_{298}$ 和 $\Delta S^{\ominus}_{298}$ 分别为标准条件下由简单物质形成化合物时焓的变化和熵的变化。式 7-25 的各物质热力学性能列入表 7-2 中。

表7-2 CrO_3、Cr_2O_3 和 O_2 的热力学性能

物 料	$\Delta H^{\ominus}_{298}/kJ \cdot mol^{-1}$	$\Delta S^{\ominus}_{298}/J \cdot (mol \cdot K)^{-1}$
CrO_3	-594.5	72.00
Cr_2O_3	-114.1	81.10
O_2	0	205.03

根据表 7-2 的数据，可求出在 1400℃时 $2[\ln K_{(7-9)}] = 54.4$，这说明纯 Cr_2O_3 在大气中加热时实际上不会形成 Cr^{6+}。而发生式 7-24 的反应则是由于铬铁矿中的铬与氧结合强度比 Cr_2O_3 要低些，并且在耐火材料中存在能使 Cr^{6+} 形成稳定化合物的结合组分。

通过研究 $3CaO \cdot SiO_2 - Cr_2O_3$ 和 $3CaO \cdot SiO_2 - Cr_2O_3 - MgO$ 系中铬的化合价变化的结果得出，铬的化合价取决于煅烧时不同的氧化-还原条件。发现 600℃时在空气介质中煅烧所得到的黄色固熔体，主要含 Cr^{6+}；1500℃时在空气介质中煅烧所得到的固溶体为绿色，表明既有 Cr^{6+} 也有 Cr^{3+}。在真空和氩气介质中以 1800℃煅烧得到浅蓝色固熔体，表明试样含有 Cr^{3+}，而且还含有 Cr^{2+}，但没有 Cr^{6+}。由此可以得出结论：在固熔体晶格中有 Cr^{3+} 和 Cr^{6+}，它们取代了 Ca^{2+} 和 Si^{4+} 结构空位的位置。固熔体中铬的浓度增加会使之不稳定，并导致其分解。固熔体中 Mg^{2+} 在规定的浓度之内时却能消除其分解现象的发生。

由此看来，为了降低含硅酸钙耐火材料中 Cr^{6+} 的含量，必须尽可能提高温度对其进行煅烧。

含铬耐火材料中除了 $MgO - Cr_2O_3$ 耐火材料外，还有另一类重要的耐火材料即 $SiO_2 - Al_2O_3 - Cr_2O_3$ 系中的铬刚玉、莫来石铬和铬莫来石耐火材料。在这一系列耐火材料中的结合成分（黏土）对铬的氧化有重要影响。因为几乎所有的黏土实际上都含有约 0.1% ~ 0.2%（$K_2O + Na_2O$，质量分数），所以为了生产 $SiO_2 - Al_2O_3 - Cr_2O_3$ 系耐火材料就应当使用低碱含量的黏土。

在硅酸盐熔体中的各种氧化铬，铬则依温度与组成不同，可能以 Cr^{2+}、Cr^{3+} 和/或 Cr^{6+} 状态存在，它们的浓度之间的比例可以用下述反应进行调整：

$$2(Cr^{2+}) + 1/2O_2 \Longrightarrow 2(Cr^{3+}) + (O^{2-}) \qquad (7-26)$$

$$(Cr^{3+}) + 5/2(O^{2-}) + 3/4O_2 \Longrightarrow (CrO_4^{2-}) \qquad (7-27)$$

在氧化气氛中，铬酸盐阴离子在碱性熔体中是稳定的，但随着 Cr^{3+} 在酸性熔体中的形成而发生分解。在还原条件下，Cr^{3+} 随硅酸盐熔体碱度的降低而还原为 Cr^{2+}。可见，在还原介质中 Cr^{3+} 可能处于阴离子状态。因此，取代式 7-26 的反应最可取的具体反应式应是：

$$(Cr^{2+}) + 2(O^{2-}) + 1/2O_2 \Longrightarrow (CrO_3^{2-}) \qquad (7-28)$$

但随着 SiO_2 的增加，式 7-27 的平衡向左移动。也就是说，Cr^{6+} 被还原为 Cr^{3+}，结果硅酸盐就会中和氧化介质对 Cr^{3+} 的作用。

在莫来石中，Cr_2O_3 的溶解度是低的，在 1600℃ 时其最大浓度（质量分数）为 8% ~ 10%，莫来石中 Cr_2O_3 含量大于 10% 时，就会导致其分解，并形成固溶体 $(Cr^{3+}, Al^{3+})_2O_3$ 和方石英：

$$Al_6Si_2O_{13} + 3Cr_2O_3 \Longrightarrow 6(Cr_{0.5}Al_{0.5})_2O_3 + 2SiO_2 \qquad (7-29)$$

$$\Delta G^\ominus = -29.3 + 2.5 \times 10^{-4}T \qquad (7-30)$$

可见，在任何温度下反应式 7-29 都是负值，表明按该反应进行配方设计有利于减少铬转化为 Cr^{6+}。

应当指出，虽然可以从前面的讨论中得出含铬耐火材料在高温氧化气氛中，当材料中存在可使 Cr^{6+} 形成稳定的化合物时较为有利，但从生态安全方面考虑，认为任何工艺过程对耐火材料的主要要求应当是安全，对人体健康没有危害。主要氧化物生态安全的主要评价指标见表 7-3。由该表看出，最为有害的是 Cr^{6+}，故应严格限制。只是需要着重指出：含铬耐火材料中 Cr^{3+} 转化为 Cr^{6+} 时必须具备以下三个条件：

（1）必须处于氧化环境；

（2）必须存在碱或碱土氧化物（CaO、BaO 及 SrO 等）；

（3）必须处于一定的温度范围内。

除了 Cr_2O_3 以及含铬耐火材料在高温气氛变动时会发生上述变化之外，还有其他耐火材料也有可能发生变化，尤其是在减压条件下就更是如此。

在一般情况下，氧化物系耐火材料在使用过程中，因高温蒸气压力低，其挥发造成的损耗是非常少的，因而可以不考虑。然而，在真空条件下使用时，其挥发性将会成为问题。

耐火材料在高温真空条件中的挥发速度可应用兰米尔公式进行计算：

$$m = 44.4p(M/T)^{1/2} \qquad (7-31)$$

式中，m 为挥发速度，$g/(cm^2 \cdot h)$；p 为氧化物蒸气压，MPa；M 为氧化物相对分子质量；T 为绝对温度，K。式 7-31 表明，氧化物系耐火材料的挥发速度与耐火氧化物的蒸气压成正比。

由式 7-31 可以估算出 MgO 在 2000K（1723℃，$p = 3.95 \times 10^{-4}$atm）的 $m \approx 2.5 \times 10^{-3} g/(cm^2 \cdot s) \approx 90 kg/(m^2 \cdot h)$。

但实际由于与耐火材料表面上其他物的反应，因而用式 7-31 估算的 m 值比实际测定值要高得多。尽管如此，氧化物系耐火材料在高温真空中的挥发损耗还是不能忽视的重要现象，表 7-3 列出了某些氧化物挥发的蒸气压和温度的关系。可见，MgO、Cr_2O_3 和 FeO 在高温条件下，其蒸气压都不小，所以属于易挥发性耐火氧化物。

表 7-3　主要氧化物危害级别与极限允许浓度

氧 化 物	极限允许浓度/mg·m⁻³	危害级别
Cr_2O_3	1	3
CrO_3	0.01	1
SiO_2	1	3
Fe_2O_3	5	4
CaO	2	3
MgO	4	4
Al_2O_3	6	4
ZrO_2	6	4

关于氧化物系耐火材料在高温真空条件下的挥发现象，曾经进行过测定，表 7-4 和表 7-5 分别列出了在 5μmHg❶（2970°F，4h）真空中的实测挥发值和 MgO-Cr_2O_3 砖在 1200~1600℃ 真空中加热

---

❶　1μmHg = 0.1333224Pa。

2h 的质量变化情况。由此可见，与含稳定性高的氧化物 Al_2O_3、ZrO_2、CaO 等的耐火材料相比，含不稳定的氧化物 SiO_2、Cr_2O_3 等的耐火材料具有在高温真空中质量减少的速度大的倾向。并且随着质量减少，耐火材料有可能产生多孔化的现象（表 7-6）。温度越高，真空的负面影响就越大。由于耐火材料在高温真空中的挥发损耗会引起其致密度降低，机械强度降低，化学成分和矿物组成产生变化，结果则导致其显微结构劣化，耐用性能降低。

表 7-4 某些氧化物挥发的蒸汽压同温度的关系

氧 化 物	lgp/mmHg	温度范围/K
ThO_2	$(11.53 \sim 3.71) \times 10^4/T$	$2050 \sim 2250$
BeO	$(10.93 \sim 3.22) \times 10^4/T$	$2223 \sim 2423$
CaO	$(9.97 \sim 2.74) \times 10^4/T$	$1600 \sim 1700$
SrO	$(13.12 \sim 3.07) \times 10^4/T$	$1500 \sim 1650$
BaO	$(8.87 \sim 1.97) \times 10^4/T$	$1200 \sim 1500$
Al_2O_3	$(8.415 \sim 2.732) \times 10^4/T$	$2600 \sim 2900$
MgO	$(13.13 \sim 2.732) \times 10^4/T$	$1800 \sim 2200$

表 7-5 各种耐火材料在真空中的质量减少速度

	砖 的 性 质	质量减少/%	质量减少速度/$g \cdot (cm^2 \cdot min)^{-1}$	
1	高纯 Al_2O_3 质（$w(Al_2O_3) = 99\%$）	0.2	0.2×10^{-4}	0.5×10^{-4}
2	莫来石质（$w(Al_2O_3) = 72\%$）	2.1	1.5×10^{-4}	
3	高铝质（$w(Al_2O_3) = 60\%$）	4.4	3.0×10^{-4}	
4	电熔 Al_2O_3 质（$w(Al_2O_3) = 96\%$）	1.2	1.1×10^{-4}	
5	高纯稳定 ZrO_2 质（$w(ZrO_2) = 96\%$）	0.15	0.17×10^{-4}	0.4×10^{-4}
6	锆英石质（$w(ZrO_2) = 66\%$）	3.8	3.9×10^{-4}	
7	高纯镁铬质（$w(MgO) = 73\%$）	6.0	5.4×10^{-4}	5.2×10^{-4}
8	B.D 镁铬质（$w(MgO) = 73\%$）	6.6	5.2×10^{-4}	
9	再结合镁铬质（$w(MgO) = 62\%$）	5.0	4.2×10^{-4}	
10	铬质（$w(MgO) = 19.5\%$）	6.5	7.5×10^{-4}	
11	石灰质（$w(CaO) = 96\%$）	1.0	0.6×10^{-4}	0.2×10^{-4}
12	高纯石灰质（$w(CaO + MgO) = 99\%$）	0.6	0.4×10^{-4}	
13	电熔镁铬质	14.0	12.0×10^{-4}	
14	电熔镁尖晶石质	4.8	3.2×10^{-4}	

表 7 – 6 MgO – Cr₂O₃ 砖在真空中的性状

温度/℃	时间/h	质量减少速度 /g·(cm²·min)⁻¹	质量减少/%	气孔率变化/%	体积密度变化 /g·cm⁻³①
1200	2	0.35	0.42	– 0.1	– 0.02
1300	2	0.49	0.61	+ 1.0	+ 0.04
1400	2	0.78	0.96	+ 1.2	+ 0.02
1500	2	1.9	2.4	+ 2.2	+ 0.06
1600	2	8.27	10.3	+ 2.6	+ 0.08

①2min。

不过, 在实际使用中, 有关耐火材料的上述蚀损并不明显, 起作用的物质数量也极为有限, 而且有些耐火氧化物组分根本无变化, 如 CaO 等在真空中几乎不发生分解反应, Al₂O₃ 在真空中也不会发生分解反应。

7.2 耐火材料在减压下与钢水的反应

早就了解, 耐火材料在高温减压下使用时会同钢水中所含的 (C)、(Si)、(Mn) 等成分发生反应而导致其损毁。其中, 与钢水中 (C) 的反应特别成为问题。

氧化物系耐火材料与钢水中 (C) 反应可以用下述化学反应方程式来描述:

$$(MnO) + (C) = Mn + CO \qquad (7-32)$$

曾经有人查明, 存在由于式 7 – 32 的反应而加速耐火材料的蚀损的实例, 同时引起了钢水成分的变化, 从而影响了钢的质量。

图 7 – 3 所示的是在高温减压下耐火材料与钢水的反应, 它是利用减压下 CO 的产生速度, 比较了在 1500 ~ 1650℃时钢水 (0.28% C) 与多种耐火氧化物的反应情况。该图表明, 不含 SiO₂ 的 Al₂O₃、ZrO₂ 耐火材料是稳定的, 而含 SiO₂ 的 SiO₂ – Al₂O₃ 系 (如黏土质) 耐火材料却是不稳定的。由此可见, 耐火材料中 SiO₂ 成分容易被钢水中 C 还原:

$$1/2SiO_2 + (C) = 1/2Si + CO \qquad (7-33)$$

使 SiO₂ 变为 Si 而进入钢水中。

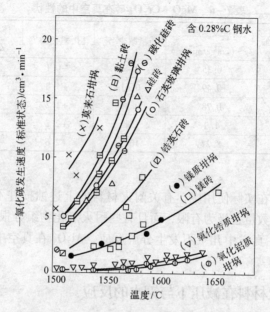

图7-3 钢水与耐火材料在减压下的反应

另外，钢水中（Mn）、（Ti）等也具有（C）的功能，使耐火材料成分还原。

实际研究结果还证实，含铬系耐火材料（如 MgO – Cr$_2$O$_3$ 砖等）也存在被钢水中（C）还原的可能。

所有上述情况都说明，钢水中 C、Ti、Mn 等导致氧化物系耐火材料的还原反应，以 SiO$_2$ 及 Cr$_2$O$_3$ 含量高的耐火材料尤为显著，而且钢水中含（C）量越高，其反应量也越大。

因此，在高减压或者真空条件下使用的耐火材料，应当选择 SiO$_2$、Cr$_2$O$_3$ 含量低甚至无 SiO$_2$、Cr$_2$O$_3$ 的耐火材料较为合适。

7.3 高温减压下含碳耐火材料氧化还原反应

前面第 5 章讨论过 MgO – C 材料（加或不加抗氧化剂）在高温常压下的氧化还原反应规律以及添加抗氧化剂时形成 MgO 致密层的原理等内容，但未涉及高温减压下 MgO – C 材料的氧化还原反应问题，下面将作简单介绍。

　　图 5 - 9 示出了在 1500℃、1600℃、1700℃，压力降低至 0.0133MPa 时 MgO - C 砖（$w(C) = 10\%$）失重和保温时间的关系。图中表明，虽然在 1500℃时失重值小，但 1600℃以上时其失重值却较大。按 MgO - C 平衡计算，1600℃时保温时间超过 1h 后，MgO - C 试样（$w(C) = 10\%$）中碳就完全消耗掉了，而 1700℃时保温时间仅 15min 碳也就完全消耗掉了。这说明在钢精炼的减压操作中，MgO - C 反应的速度是非常快的。图 5 - 9 同时表明，碳含量为 10% 的 MgO - C 试样在高温条件下碳全部耗尽的时间为：1500℃大于 3h，1600℃为 1h，1700℃约 0.25h。

　　图 7 - 4 则示出的是各 MgO - C 试样恒定失重值（一种原料完全消耗掉时的失重值）与试样中 MgO/C 比例之间的关系。它表明，在 MgO - C 反应中各 MgO - C 试样失重值曲线（实验曲线）几乎与以理论计算值的曲线（理论曲线）重合，这说明 MgO - C 反应已经完全结束了。

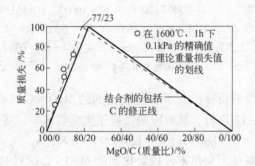

图 7 - 4　在高温及高度真空的条件下，加热
MgO - C 砖的失重与 MgO/C 比之间的关系

　　图 7 - 5 示出在 1600℃，加热 1h 的减压条件下，抗氧化剂对 MgO - C 试样氧化还原反应的影响。图中表明的一般趋势是在压力降低到小于 0.013MPa 时 MgO - C 试样失重值几乎达到约 50% ~ 55%（质量分数）的恒定值（接近碳全部消耗的理论值），而与抗氧化剂种类无关。但在 0.1 ~ 0.0592MPa 稍微降低压力的条件下，抗氧化剂的效果各不相同，按试样失重由大到小的顺序排列时为：$B_4C >$ $ZrB_2 > Al > MgB_2 > CaB_6$。并观察到加热后含 CaB_6 和 MgB_2 各 MgO -

C 试样的表面上有沉积 MgO 生成的趋势，其中含 CaB₆ 的 MgO – C 试样在 0.0592MPa 下于 1600℃，加热 1h 后形成了大约 100μm 的 MgO 层。当将形成的 MgO 层进行比较时得出：添加 CaB₆ 的 MgO – C 试样表面 MgO 层最厚，而且 MgO 层的厚度按 MgB₂、Al 和 ZrB₂ 的次序逐渐变薄。

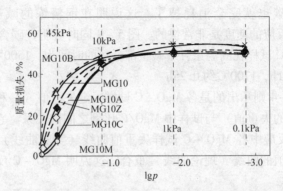

图 7 – 5　在各种降低的压力下于 1600℃，1h 热处理
含不同添加剂对 MgO – C 砖失重的影响
抗氧化剂：A—添加 Al；B—添加 B₄C；Z—添加 ZrB₂；
M—添加 MgB₂；C—添加 CaB₆

由热力学分析得出，不含抗氧化剂的 MgO – C 试样的氧化还原反应按式 5 – 12 进行，其对应的反应速度常数 $K_{(5-12)}$ 等于：

$$\lg p(\text{Mg}) = -\lg p(\text{CO}) + \lg K_{(5-12)} \tag{7-34}$$

在减压条件下加热不含抗氧化剂的 MgO – C 试样时，Mg(g) 和 CO(g) 扩散到 MgO – C 试样表面并自由地释放到外部大气中，这是因为试样内部 $p(\text{Mg})$ 和 $p(\text{CO})$ 变得比外部大气中高。而含抗氧化剂的 MgO – C 试样，其内部的 $p(\text{CO})$ 将会按如下方式降低：

$$x\text{M}(s) + y\text{CO}(g) \rightleftharpoons \text{M}_x\text{O}_y(s) + y\text{C}(s) \tag{7-35}$$

$$\lg p(\text{CO}) = -1/(y\lg K_{(7-35)}) \tag{7-36}$$

$$\text{M}_x\text{C}_z(s) + y\text{CO}(g) \rightleftharpoons \text{M}_x\text{O}_y(s) + (y+z)\text{C}(s) \tag{7-37}$$

$$\lg p(\text{CO}) = -1/(y\lg K_{(7-37)}) \tag{7-38}$$

因此，在抗氧化剂存在的条件下，MgO – C 试样内部的 $p(\text{Mg})$ 将根据如下公式增加：

$$\lg p(\text{Mg}) = -1/(y\lg K_{(7-35)}) + \lg K_{(5-12)} \qquad (7-39)$$

$$\lg p(\text{Mg}) = -1/(y\lg K_{(7-37)}) + \lg K_{(5-12)} \qquad (7-40)$$

可见，在高温减压条件下，含抗氧化剂 MgO – C 试样中的 $p(\text{CO})$ 将根据式 7 – 36 和式 7 – 38 降低；在 1627℃ 与金属 Ca 和 Al 共存时，分别为 5.3×10^{-7} MPa 和 7.2×10^{-5} MPa，然后 Mg(g) 扩散到热面并与大气中的 O_2 反应生成次生 MgO 沉淀层。这说明，在同高活性元素共存的情况下，与氧强大的亲和力作用，导致 MgO – C 试样中的 $p(\text{CO})$ 变得比外部大气中低，而且 Mg(g) 扩散到热面被氧化生成次生 MgO 沉淀层，如图 7 – 6 所示。

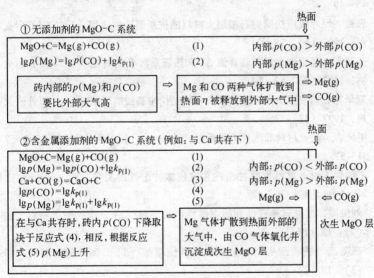

图 7 – 6   在降低压力形成的 MgO 层的氧化/还原
反应以及它们反应原理图

由图 7 – 6 看出，在与金属共存的情况下，MgO – C 试样内部的 $p(\text{CO})$ 下降同时 $p(\text{Mg})$ 上升，而且其趋势则按 Al、Mg 和 Ca 的次序变得较强。因此，在与活性大的元素共存时，由于这些元素对氧的强大亲和力而导致 MgO – C 试样内部 $p(\text{CO})$ 变得比外部大气中低，结果 Mg(g) 扩散到 MgO – C 试样的热面上即被氧化，从而导致 MgO 沉淀而形成所谓次生 MgO（方镁石）致密层。这一过程受温度、真空度和抗氧化剂种类的控制。

参 考 文 献

[1] 刘阿一. 低水泥浇注料的热疲劳 [J]. 国外耐火材料, 1995 (4): 43～47.

[2] 王庆贤. MgO – C 机械特性的评价 [J]. 国外耐火材料, 1995 (10): 44～49.

[3] 王凤森. 玻璃窑窑底设计要点 [J]. 国外耐火材料, 1964 (4): 53～55.

[4] 陆华. 对耐火材料热震稳定性的评价 [J]. 国外耐火材料, 1997 (5): 45～49.

[5] 郭勋. 尺寸效应法则对石墨耐火材料的抗断裂性的应用 [J]. 国外耐火材料, 1997 (6): 28～31.

[6] 王晓阳. 高铝耐火材料临界值 ΔT 和热震系数 R 的对比 [J]. 国外耐火材料, 1997 (8): 62～64.

[7] 刘景林. 如何减少热工窑炉耐火材料结构中裂纹的形成 [J]. 国外耐火材料, 1997 (12): 36～38.

[8] 王凤森. 耐火材料非线性力学性能模型 [J]. 国外耐火材料, 1998 (7): 51～57.

[9] 王凤森. 耐火材料抗热冲击性和抗机械冲击性的关系 [J]. 国外耐火材料, 1998 (8): 36～42.

[10] 刘凤霞. 改进耐热震性和耐剥落性的浇注料 [J]. 国外耐火材料, 1999 (9): 13～17.

[11] 高英武. 镁碳耐火材料的热机械性能模拟 [J]. 国外耐火材料, 1997 (2): 18～22.

[12] 廖建国. 用声发射 (AE) 检测龟裂发生的位置 [J]. 国外耐火材料, 1996 (12): 20～23.

[13] 刘景林. 含氧化铁的部分稳定氧化锆陶瓷的抗裂性及其他性能 [J]. 国外耐火材料, 1996 (12): 38～44.

[14] 桂明玺. 水泥回转窑用碱性耐火材料的无铬化 [J]. 国外耐火材料, 2000 (6): 44～49.

[15] 刘景林. 低水泥耐热浇注料的热机械性能 [J]. 国外耐火材料, 2001 (5): 51～55.

[16] 王诚训, 栾永杰, 等. 炉外精炼用耐火材料 [M]. 北京: 冶金工业出版社, 1996.

[17] 王守权. 炼钢用耐火材料的基础评价技术 [J]. 国外耐火材料, 1998 (8): 7 ~ 14.

[18] 蒋明学, 李勇. 陈肇友耐火材料论文选 [M]. 北京: 冶金工业出版社, 1998.

[19] 陆华. 陶瓷耐火材料高温断裂能的测定 [J]. 国外耐火材料, 1995 (7), 20 ~ 23.

[20] 张慧劳, 等. ZrO_2 的稳定及其在浸入式水口上的应用 [C]. 连铸耐火材料学术系列论文集之三, 1992: 147 ~ 148.

[21] 王诚训, 等. 耐火材料技术及其应用 [M]. 北京: 冶金工业出版社, 2000.

[22] 金格瑞 W D, 等. 陶瓷导论 [M]. 北京: 中国建筑工业出版社, 1982.

[23] Liu Y L, Wang R Z. The Elastic Fracture Toughness of Doped Zircon Material at High Temperature//Yan – M – G, et al. Mechanical Behaviour of Materials – v, Proceedings of the Fifth International Conference. Beijing, 1987; Pergamon Press, 1987, 1291.

[24] 王润泽, 刘延伶. 第四届全国断裂力学学术会议论文集 [C]. 西安, 1985, [s. 1]: [s. n] 1985, 149.

[25] 西田俊彦, 安田荣一. 力学的特性评释 [J]. 日刊工业新闻社, 1986, 50.

[26] 杨直夫, 等. 热冲击对内衬的腐蚀性和侵蚀性的影响 [J]. 国外耐火材料, 1998 (8): 55 ~ 57.

[27] 谭立华. 耐火材料高温热循环的抗机械损坏 [J]. 国外耐火材料, 1993 (3): 22 ~ 26.

[28] 刘丹华. 用声波测量法预测浇注料的热震特性 [J]. 国外耐火材料, 1995 (7): 17 ~ 20.

[29] 崔学政. 耐火材料的研究动向——以耐火材料的熔损为中心 [J]. 国外耐火材料, 1996 (10): 42 ~ 45.

[30] 余仲达, 向井楠宏, 等. Journal of the Ceramic Society of Japan [J]. 1993 (5): 533 ~ 539.

[31] 前田荣, 内材良治, 等. 耐火物, 1989 (1): 17 ~ 25.

[32] 陶再南, 向井楠宏, 等. 耐火物, 1998 (11): 573 ~ 582.

[33] 王守权. MgO – C 砖在 $CaO – SiO_2 – Fe_2O_3$ 系渣中的蚀损机理 [J]. 国外耐火材料, 2000 (5): 40 ~ 44.

[34] 崔学政. 镁锆质浇注料的渣浸透机理 [J]. 国外耐火材料, 1995 (6):

51~56.

[35] 王晓阳. 钢厂用尖晶石形成浇注料的近期研究 [J]. 国外耐火材料, 1999 (10)：50~54.

[36] 刘景林. 耐火材料与陶瓷材料的理论强度 [J]. 国外耐火材料, 2001 (6)：34~39.

[37] 武田耕太郎, 野野部和男, 等. 耐火物, 1999 (10)：528~535.

[38] 田中功, 等. 耐火物, 1992 (3)：129~137.

[39] 王庆贤. 对镁钙碳砖耐蚀性及挂渣性的评价 [J]. 国外耐火材料, 1997 (2)：62~63.

[40] 田中功, 鹿野宏, 等. 耐火物, 1992 (3)：129~137.

[41] 池末明夫, 山本博, 等. 耐火物, 1990 (2)：77~88.

[42] 管原光男, 等. 耐火物, 1998 (5)：265~274.

[43] 崔学政. MgO-CaO-C 砖的抗侵蚀性及炉渣涂层性的评价 [J]. 国外耐火材料, 1998 (3)：22~26.

[44] 中尾淳, 石井章生, 等. 耐火物, 1992 (3)：114~121.

[45] 平栉敬资, 等. 耐火物, 1984 (11)：620~628.

[46] 中尾淳. 耐火物, 1991 (6)：269~272.

[47] 王成训. MgO-C 质耐火材料 [M]. 北京：冶金工业出版社, 1995.

[48] 骏河俊博. 耐火物, 1998 (5)：255~264.

[49] 田烟胜弘, 等. 耐火物, 1987 (12)：2~8.

[50] 星山泰宏, 伊东克则, 等. 耐火物, 1998 (3)：154~162.

[51] 丸山俊夫. 耐火物, 1997 (5)：301~306.

[52] 今井久. 炭素, 1981 (107)：162.

[53] 世本忠. 耐火物, 1997 (6)：359~365.

[54] 田守信, 陈荣荣, 等. 直流电弧炉用导电耐火材料 [J]. 99 全国连铸与电炉用耐火材料学术年会论文集, 279~285.

[55] 王守权. Al 对 MgO-C-Al 系耐火材料的显微结构及特性的影响 [J]. 国外耐火材料, 1994 (4)：45~50.

[56] 王诚训, 张义先. 炉外精炼用耐火材料（第2版）[M]. 北京：冶金工业出版社, 2007.

[57] 耐火技术协会. 耐火物, 1981, 25~34.

[58] 付华. 耐火材料的机械冲击疲劳 [J]. 国外耐火材料, 2002 (2)：56~59.

[59] Ownby P D, Jungquist G E. Final Sintering of Cr_2O_3 [J]. J Am Ceram Soc,

1972 (9)：433~436.

[60] 陈肇友. RH 精炼炉用耐火材料及提高其寿命的途径 [J]. 耐火材料，2009 (2)：81~89.

[61] 陈红莲. 耐火浇注料高温下的渗透性 [J]. 国外耐火材料，2002 (5)：41~44.

[62] 陈红莲. 温度对低水泥自流浇注料机械性能的影响 [J]. 国外耐火材料，2002 (5)：44~46.

[63] 肖龙英. 高炉用耐火材料的损毁 [J]. 国外耐火材料，2002 (2)：7~10.

[64] 杨秀丽，李冰，等. 镁锆砖的抗侵蚀性能的研究 [J]. 耐火与石灰，2009 (4)：11~13.

冶金工业出版社部分图书推荐

书　　名	定价（元）
碳及其复合耐火材料	29.00
镁钙系耐火材料	39.00
材料科学基础教程	33.00
相图分析及应用	20.00
耐火材料的损毁及其抑制技术	25.00
耐火材料学	65.00
特殊炉窑用耐火材料	22.00
炉窑环形砌砖设计计算手册	118.00
材料电子显微分析	19.00
高炉砌筑技术手册	66.00
陈肇友耐火材料论文选（增订版）	80.00
耐火材料与洁净钢生产技术	68.00
镁质和镁基复相耐火材料	28.00
耐火材料成型技术	29.00
耐火材料基础知识	28.00
薄膜材料制备原理、技术及应用（第2版）	28.00
耐火材料（第2版）	35.00
新型耐火材料	20.00
炉外精炼用耐火材料（第2版）	20.00
刚玉耐火材料（第2版）	59.00
耐火材料手册	188.00
耐火材料与钢铁的反应及对钢质量的影响	22.00
复合不定形耐火材料	15.00
化学热力学与耐火材料	66.00
耐火材料工艺学（第2版）	28.00
耐火材料厂工艺设计概论	35.00
钢铁工业用节能降耗耐火材料	15.00